Python
Software Foundation

你好
Python

郑飞　著

重庆出版集团 重庆出版社

图书在版编目(CIP)数据

你好,Python / 郑飞著. —重庆:重庆出版社,2023.12
ISBN 978-7-229-18259-5

Ⅰ.①你… Ⅱ.①郑… Ⅲ.软件工具—程序设计
Ⅳ.①TP311.561

中国国家版本馆CIP数据核字(2024)第000694号

你好,Python

NIHAO, PYTHON

郑飞 著

责任编辑:陈渝生
责任校对:李小君
装帧设计:李南江

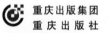 重庆出版集团
重庆出版社 出版

重庆市南岸区南滨路162号1幢 邮政编码:400061 http://www.cqph.com
重庆出版社艺术设计有限公司制版
重庆三达广告印务装璜有限公司印刷
重庆出版集团图书发行有限公司发行
全国新华书店经销

开本:787mm×1092mm 1/16 印张:14 字数:270千
2024年1月第1版 2024年1月第1次印刷
ISBN 978-7-229-18259-5

定价:**68.00元**

如有印装质量问题,请向本集团图书发行有限公司调换:023-61520678

Hello，Python!

      随着计算机软件和互联网时代的发展，云计算、人工智能、元宇宙等概念和技术层出不穷，但所有这些信息技术的搭建和实现都离不开软件编程这个基础。在程序设计语言发展的潮起潮落中，Python 语言经过几十年的不温不火，终于在新时代中脱颖而出。Python 语言的应用领域，不仅包含应用程序、网站系统、科学计算等传统领域，还在人工智能和机器编程领域大放异彩，甚至拓展到日常办公和数据统计分析等非专业领域。作为编程行业的程序员，必须学习 Python 才能跟上时代发展的潮流，增强自己的专业水平；作为其他专业的职员或学生，学习 Python 也能为自己的工作或学业添加强大的技能，为数据和文档处理等提供强大的工具。

      本书适合对程序设计感兴趣，要想使用 Python 语言进行编程的读者。特别是程序开发的初学者以及刚开始学习编程的学生，可以通过本书循序渐进地学习和掌握 Python 的开发。本书同样适合精通其他编程语言但想要转到 Python 开发平台的程序员，借助本书可以快速掌握 Python 开发工具。即使不从事编程工作，但想要通过 Python 这一工具来提高工作效率的读者，也能很快地接受本书的知识讲解方式，掌握 Python 编程应用技能。

      本书首先介绍编程的基础知识及 Python 语言的发展和特点，明确选择 Python 的原因及 Python 的应用领域；然后概述计算机软件开发的基础理念和思维方式，讲解编程开发各个阶段的工作内容和注意事项；接着详细演示 Python 开发环境的下载、安装、运行等具体步骤，介绍开发工具的使用方法，从最简单的编程代码起步，讲解 Python 程序的编写和调试方法，Python 编程和注释的规范，入门开发的基础知识及概念。本书通过几个源于实际工作生活学习中的典型案例，带领读者进行实践开发，在开发过程中继续讲解 Python 的基础语法和编程的逻辑流程。在初步讲解实践开发的方法后，本书再深入讲解 Python 详细语法教程，最后应用所介绍的语法知识去解决经典的编程算法和程序问题。本书旨在使读者能够举一反三，通过阅读本书掌握 Python 语言的入门开发，能够独立解决在实践中遇到的常见编程问题，能够独立开发 Python 应用程序，同时在编程思维理念、Python 基础语法、经典程序算法等方面都有比较深入的了解。

读者阅读本书的时候，建议按照章节的顺序，由浅入深地学习编程和 Python 开发的知识。经验丰富的程序员及已经掌握了编程语言和编程思维相关知识的读者，可以从"Python 开发环境搭建"的章节开始阅读。另外，有一定 Python 开发基础知识的读者，还可以直接查看"Python 开发实践"或"经典算法和程序问题的 Python 实现"的章节，学习具体案例的开发即可。在以后的开发实践中，本书的"Python 语法教程"部分，还可以作为工具书和资料备查。此外，程序开发是一门注重动手和实践的专业，读者在阅读本书的过程中，一定要注意多动手写代码，凡是书中涉及的案例，都务必通过亲自输入，把它编写一次，实际运行一次。这样才能避免纸上谈兵，才能让自己既掌握好理论知识，又具备实际开发的能力。

Contents
目　录

## 第 1 章

为什么选择 Python

1.1 计算机编程语言的本质

Hello,
Python!

什么是计算机编程语言？在学习任何一门编程语言之前，我们应该要准确地理解这个问题，才能帮助我们抓住编程的本质，才能更高效准确地完成编程语言的学习和后续的程序开发工作。但这个问题程序初学者回答不上来，可能好多资深程序员也没能深刻地理解。我们先通过一个例子来说明。

当电话这种工具刚出现在人们生活中的时候，我们要给某个人打电话，是不是得先知道他们家电话号码是多少，对吗？比如"66×××88"，或者"139×××8888"。然后我们拿起电话机，在上面拨号或者按键，输入这一串数字，电话机和电话网络就会帮我们打通这个电话。我们键入这串数字的过程，就是给电话系统发出一个指令——打电话给谁。我们要打给不同的人，就要给电话机输入不同的一串数字，也就是给出不同的指令。最初没有手机通信录的时候，我们每个人都得准备一个电话本，把自己朋友和同事的电话都记在上面。电信部门也会为全社会各个单位整理一个电话簿，这就是电话黄页。这些电话簿和电话黄页，就可以理解为我们拨打电话的一个指令集。

要联系的人越来越多，我们不可能记得住每个人的电话号码——那一串长长的数字。一开始通过电话本查查还可以，但联系人越来越多，查起来也越来越麻烦。就算查出来，每次都要去输入一个个由数字组成的电话号码再呼出，也是挺麻烦的。后来我们的手机和部分座机都能够保存电话号码了，把联系人的名字和电话号码保存起来，下一次要打电话的时候，直接按对方的名字就可以呼出电话，不需要再输入一个个数字了。这就极大地简化了我们的操作，从输入一串数字向电话发出指令，变成了输入或者选择一个名字就可以发出指令。这种用名字来代替电话号码的方式，我们可以看成是一种帮助记忆的符号汇编。

虽然通过联系人的方式解决了电话号码的记忆和输入问题，但是拨打电话的整个过程还是需要多个动作：先打开手机上的通信录，找到联系人，再点击联系人的名字，再点击拨打电话的按钮，这其中的每一步都需要我们手动去操作。上面的联系人只是解决了电话号码这个指令的替换问题，但拨打过程中的其他步骤，都需要我们人工一步步地去亲自操作。要使整个过程更加方便，就需要更加高级的交互方式。现如今，我们手上先进的智能手机，都可以向手机发送语音指令，比如对着手机直接说话"给老张打电话……"，手机就可以自动将电话拨打出去，打开通信录、查找联系人、点击拨打按钮这些步骤，手机都帮我们自动完成了。

上面这个例子能形象地描述计算机编程语言的发展过程。笔者来帮大家梳理一下：首先，我们把电话机或者说电话系统当作计算机。要让电话系统工作，也就是拨出电话号码，它能够识别的就是这个电话号码，也就是我们所输入的那一串数字。计算机也一样，它作为机器只能识别电子电路的"开"和"关"这两种状态，换成数字就是只能识别"1"和"0"这两个数字。电话号码是发送给电话系统的指令，那么我们向计算机发送指令，也只能发送0和1这两个数字的组合指令。不同的电话号码数字代表不同的对象，要向计算机发送不同的指令，就要发送不同的0和1的数字组合。如果我们把电话号码当作电话系统的语言，那么这些0和1的不同组合，就是计算机自身的语言，我们把它叫作"机器语言"。机器语言，是计算机语言的基础和最初形态。

事实上，在计算机出现的初期，我们的程序员先驱们，主要的工作就是通过不停地拔插电路开关，来给当时庞大笨重的计算机下达指令。"开"就代表1，"关"就代表0，一个指令就是一串开关动作的组合。但这种原始的操作方式很快就被改进了，因为我们不想每一个指令都要去做一连串的开关动作，就像我们不想每次打电话都要去按一大串数字一样。而且就像电话联系人越来越多一样，随着计算机能够执行的指令越来越多，程序员不可能记住每一个指令所对应的0和1的数字组合，对于庞大的指令集，人工查询起来也越来越麻烦。所以我们想要对计算机输入一个单词就能代表一个指令，就像手机联系人一样，输入一个名字就能打出电话。比如"加法"这个指令，如果它的机器语言指令是"01001110……"这一串数字，我们直接用一个单词"add"来代替，就像我们用"老张"来代替"139×××8888"一样。这样我们向计算机输入"add"，它就自动执行"01001110……"这一串数字指令。以此类推，我们将所有需要的机器语言指令如"add"这种助记词汇编成一套程序语言，它就是计算机语言发展的第二阶段"汇编语言"。汇编语言使我们脱离了用机器语言跟计算机直接"对话"的原始方式，开启了计算机编程语言发展的广阔天地。

虽然有了汇编语言，我们不用再记忆和输入每一个计算机指令的0和1的数字组合了，但就像用手机联系人拨打电话一样，我们还是需要自己操作拨打电话的每一个步骤和动作，用汇编语言也要将计算机执行某项工作的每一个步骤每一个指令，逐一通过程序代码写出来。这样还是挺麻烦的。我们想要像高级智能手机打电话一样,只需告诉计算机要干什么,具体的步骤由计算机自己去完成,这就需要计算机高级程序设计语言来完成。高级语言是计算机语言发展的第三阶段,它通过编程语言的语法,将计算机执行任务的具体步骤整合起来。程序员只需重点关注编程的思路和算法,集中精力去思考如何实现任务和解决问题,而不用花过多时间去考虑计算机如何执行。即编程代码专注于实现任务的流程和输入输出的结果,而不用去关心计算机执行的每一个步骤或指令。

机器语言、汇编语言和高级语言,只是代表了计算机程序语言发展的不同阶段。机器语言不代表就很"低级",高级语言有优势也有劣势。机器语言始终是计算机最终执行的代码,高级语言最终还是会转化成机器语言来执行。汇编语言在使用助记词的基础上保持了程序运行的超高效率,在单片机和硬件控制层面依然有广泛的应用。而高级语言赋予了程序员广阔的创新天地,使计算机的应用领域和普及性得到极大的发展,是如今计算机编程的主要方式。

所以,计算机编程语言的本质,是人和计算机之间交流的工具,也是人控制和指挥计算机执行任务的方式。它既不是机器的语言,也不是人的语言,而是人类逐步用自己熟悉的语言来操作计算机这种设备的控制符号及其格式。而计算机编程,就是我们通过编程语言这种工具,来控制和指挥计算机的途径:通过计算机编程,让机器按照我们设计的思路和步骤,执行我们规定的任务。

既然如此,那我们在选择一门计算机编程语言进行学习的时候,就要从计算机编程和编程语言的本质出发。我们学习编程语言,就是要学习控制和指挥计算机的方法。虽然名字叫"编程语言",但它一定没有学习一门我们人类的语言那么复杂。它是一种工具,一种通过编写代码来实现自己想法的工具。这种工具能够指挥我们人类所发明创造的最智慧的机器,所以编程是一种创造性劳动,一种有极大回报的高级劳动。我想所谓计算机"高级"语言,本质上不是编程语言的高级,而是人类从事这种编程活动在行为上的高级。

既然计算机编程的本质是要控制计算机执行某项工作,那么选择计算机编程语言的种类,首要就应该从"我们要执行什么工作,或者做什么事情"出发。我们要通过计算机来做的这项工作,它用的是什么操作系统平台?运行在哪种模式和架构之下?这个平台和架构有哪些开发工具可供选择?有哪些编程语言适合这些开发工具?以结果为导向,是我们选择编程语言时最重要的因素,在大部分情况下,基本可以锁定需要使用的编程语言。而对于编程语言的流行程度、学习语言的难易程度、程序员所在单位的要求、程序执行的效率等,都是次要的考虑因素。

1.2 主流编程语言

Hello,
Python!

　　这个世界上总共有多少种编程语言？主流的说法是六七百种，也有说两千多种的。但这个数量其实根本没办法准确统计，因为计算机高级语言发展到现在，要再发明一种编程语言，已经不是一件难事。编程语言负责将程序代码翻译成机器语言，但它本身也是一种计算机程序，也是被开发出来的。比如强大的 C 语言，它最初的编译器可能是用汇编语言开发的，但后面出现的大部分高级编程语言，包括 C 语言本身的绝大部分，都是用 C 语言或者 C++编写的。因此理论上只要你愿意，一旦学会了任何一门编程语言，你就可以用它来"发明"一种属于你自己的新的编程语言。所以除了绝大多数用英文单词作为关键词的编程语言，我们中国人也开发了诸如"易语言"这种用汉字作为编程关键词的计算机编程语言。

　　我们不可能在本书中探讨所有的编程语言，必须要有所筛选。TIOBE 编程语言排行榜，是世界范围内编程语言流行程度的一个指标。它的评级基于全球范围的技术工程师、课程和第三方供应商的数量，通过必应、亚马逊和百度等流行的搜索引擎进行计算评分，统计出排名数据，每个月更新一次。这个排行榜虽然并不代表某种编程语言的好坏，但反映了编程语言的热门程度。其结果作为当前业内程序开发语言的流行使用程度的有效指标，对世界范围内开发语言的走势具有重要参考意义。

　　通过统计，在 TIOBE 编程语言排行榜上，当前最新和历史排名上都靠前的十种主流编程语言是：C 语言、Python、Java、C++、C#、Visual Basic、JavaScript、PHP、SQL、Go。

　　在讨论具体的编程语言之前，我们首先要简单介绍下计算机高级语言两个大的类别：编译型语言和解释型语言。编译型语言是把写好的程序代码一次性编译成机器语言，然后在运行程序的时候就不用再编译了，程序源代码也不需要提供给使用程序的人。而解释型语言没有提前编译，直接提供程序源代码，程序运行时一边解析一边执行。用外语翻译的例子就能很好地理解这个问题：编译型语言就像提前翻译好一段话，将配音放给使用者听，不管听多少遍，都不需要再翻译一次了；解释型语言则如同声传译，一边听原音一边翻译成使用者的语言，如果要重听一次就需要再同步翻译一次。最初的那些编程语言都是编译型的，后来为了处理一些临时的简单任务才出现了解释型语言。结果部分解释型语言因为实在太好用，逐步发展成也可以执行各种大型任务的全能型语言了。编译型语言的优势是执行效率高，因为都是提前编译好的，执行的时候不需要再解析，所以运行的速度一般都很快，而且因为不用提供源代码，也保证了代码的安全和版权。而解释型语言因为每次运行都要逐句地解析，运行的速度一般都比较慢。但这个快慢都是相对的，随着计算机硬件的飞速发展，在大部分应用领域，解释型语言的速度也能完全满足运行的需要，程序执行的效率已经不再是首要考虑的问题。同时，解释型语言跨平台的优势，也随着时代的发展得到极大体现。编译型语言编译出的可执行文件，都是针对不同设备和系统平台的，而解释型语言因为直接提供程序源代码，可以放到各种不同的系统平台上运行。随着计算机行业从个人电脑、服务器，发展到互联网、手机、平板电脑、可穿戴设备等，跨平台的需求变得越来越重要。各个平台的统一性、行业应用的全平台发布、各平台开发人员的需求，又反过来对编程语言的选择和发展提出了新的要求。此外，解释型语言直接提供源代码运行这一弊端，随着云服务的普及（向最终客户提供应用服务而不是程序本身）和开源项目的普遍发展，也变得可以忽略不计了。

❶ C 语言

　　C 语言是一门面向过程的通用计算机编程语言。C 语言来自著名的贝尔实验室，最初设计用于 Unix 操作系统的开发。它之所以被命名为 "C 语言"，是因为源自另外一门名叫 "B 语言" 的编程语言。在所有计算机高级语言当中，C 语言是最接近汇编语言的语言。它兼顾了高级语言和汇编语言的优点，既有高级语言的语法可读性，又有汇编语言的运行效率。C 语言保留了指针这种可以直接操作内存的变量类型，通过指针类型可对内存直接寻址以及对硬件进行直接操作，也可以说指针就是 C 语言的精髓。C 语言代码的运行速度与用汇编语言编写的代码的运行速度几乎一样，在这方面相较于其他高级编程语言具有较大的优势，所以特别适合开发系统软件。但任何事情都有两面性，指针的应用也给 C 语言开发带来了很大的安全隐患。而且 C 语言本身对语法和变量类型的约束不够严格，对数组下标的越界不做检查，在一定程度上影响了程序的安全性，增加了程序员开发的难度。从学习编程的角度来说，C 语言相比其他高级语言更难掌握，入门的难度更高。但不管怎么说，C语言经过漫长的发展历史，拥有非常完整的理论体系，在计算机编程语言中具有举足轻重的地位。可以这么说，几乎所有的现代编程语言，都脱胎于C语言！如果你掌握了C语言，也就几乎了解了关于编程语言的一切，再去学习和掌握其他编程语言，就会变得非常容易。事实上，C语言是很多大学编程课程的首选语言，也是很多程序员入门接触的第一种语言。

❷ C++

　　C++是在C语言的基础上发展而来的一种高级编程语言。它是C语言的超集，也可以说是C语言的增强方案。C++进一步扩充和完善了C语言，它继承了C语言面向过程的特点，又添加了面向对象的方式。事实上早期并没有"C++"这个名字，最初这门语言叫作"带类的C"，后来在1983年才正式更名为"C++"。"带类的C"是作为C语言的扩展和补充出现的，它增加了很多新的语法，支持类、封装、继承、多态等特性，目的是为了提高开发效率。然而，C++在提升编程开发效率的同时，并没有牺牲程序运行的效率，C++程序的运行效率和C语言几乎没有差异。而且C++几乎完全兼容C语言，它与C语言的兼容程度，可使数量巨大的C语言程序能方便地在C++的环境中复用。C++的应用领域非常广泛，它可以用来开发应用软件、操作系统、搜索引擎、视频游戏等。C++是一门灵活多变、特性丰富的语言，同时这也意味着它比较复杂，不易掌握。因此相对于别的编程语言来说，C++的学习难度较大。

❸ Java

　　Java是由Sun Microsystems公司于1995年5月推出的一门高级程序设计语言。后来在2010年，Oracle（甲骨文）公司收购了Sun Microsystems公司，之后便由Oracle公司负责Java的维护和版本升级。Java语言的风格很像C语言和C++语言，是一种纯粹的面向对象的编程语言。它不仅吸收了C++语言的各种优点，还抛弃了C++语言的一些缺点。它继承了C++语言面向对象的技术核心，但摒弃了C++语言里难以理解且容易引起错误的多继承、指针等概念，同时也增加了垃圾回收机制，以释放掉不被使用的内存空间，解决了管理内存空间的烦恼。针对之前的编程语言不能实现跨平台运行，源代码必须在新的平台上重新编译才能运行的问题，Java语言采用了Java虚拟机技术。Java程序并不直接运行在操作系统上，而是运行于 Java 虚拟机上。Java 虚拟机机制屏蔽了具体平台的相关信息，使得 Java 语言编译的程序只需生成虚拟机上的目标代码，就可以在多种平台上不加修改地运行。在引入虚拟机之后，Java 语言在不同的平台上运行不需要重新编译，因此采用 Java 语言编写的程序具有很好的可移植性。得益于 Java 虚拟机的应用，Java 语言成功实现了 C++ 语言所未能实现的优良跨平台性能。所以，Java 语言号称是"一次编写，到处运行"（Write once，run any where）的编程语言。Java 语言功能强大，而且简单易用，它具有面向对象、平台无关性、简单性、解释执行、分布式、健壮性、多线程、安全性等很多特点。Java 语言的众多特性使得它在众多的编程语言中占有较大的市场份额。Java 语言对对象的支持和强大的 API 使得编程工作变得更加容易和快捷，大大降低了程序的开发成本。同时，Java 语言"一次编写，到处运行"的特点，也是它吸引众多公司和编程人员的一大优势。

在历史上，Java 语言的正式推出和普及，最初是为了开发一款能够嵌入网页、可以通过网络传播并且能够跨平台运行的编程语言。从首次发布开始，Java 就站在了 Internet 编程的前沿，而且后续的每一个版本都进一步巩固了这一地位。如今，Java 依然是开发基于 Web 的应用程序以及网络后台程序的最佳选择之一。此外，Java 还是智能手机变革的强大动力，当前世界上使用最为广泛的 Android 智能手机操作系统就是以 Linux 为内核，以 Java 为编程语言搭建的，各种主流的 Android 手机应用 APP，大部分都是用 Java 语言编程开发的。Java 语言的用途非常广泛，不仅可以用来开发桌面应用程序、Web 应用程序、Android 应用、视频游戏、分布式系统和嵌入式系统应用程序等，还在数据分析、网络爬虫、云计算等领域大显身手。Java 在金融服务业的应用特别广泛，因为 Java 的相对安全性，很多银行、金融机构都选择用 Java 开发电子交易系统、结算系统、数据处理系统等。Java 语言的缺点是内存占用高于 C++、应用启动时间较长、运行效率较低，而且学习曲线不是很友好，初学者需要花费不少时间来熟悉面向对象的概念、语法和编程思想。尽管如此，这些不足依然无法阻挡 Java 前进的脚步。在全世界范围内，Java 目前仍然是最受欢迎的编程语言之一，Java 工程师的需求量都是远大于其他编程语言的。

❹ C#

C#读作"See Sharp"，是由微软公司开发并推出的一门面向对象的通用型编程语言。最初它有个更酷的名字，叫作"COOL"。微软公司从1998年12月开始开发COOL项目，直到2000年2月COOL正式更名为"C#"。在微软，C#主要由编程奇才安德斯·海尔斯伯格（Anders Hejlsberg）主持开发，他在加入微软之前曾开发了大家熟知的Delphi语言，因此C#也借鉴了一些Delphi语言的特点。C#的名字模仿音乐上的音名"C#"（C调升），代表"C语言的升级"的意思。由此可知，C#也是由C语言和C++衍生而来的。它继承了前辈们强大的性能，同时又以.NET框架类库作为基础，拥有类似Visual Basic（缩写为VB）的快速开发能力。C#的语法与C++的类似，但在编程过程中要比C++更简单高效，它在继承C和C++强大功能的同时去掉了一些它们的复杂特性。比如，C#语言中已经不再使用指针，而且不允许直接读取内存等不安全的操作。C#提供了比C和C++更多的数据类型，并且每个数据类型都是固定大小的，此外还提供了命名空间来管理C#文件。相对于C++，用C#开发应用软件可以大大缩短开发周期，同时可以利用原来除用户界面代码之外的C++代码。一方面，C#综合了VB简单的可视化操作和C++的高运行效率，以其强大的操作能力、优雅的语法风格、创新的语言特性和便捷的面向组件编程的支持成为.NET开发的首选语言。另一方面，C#与Java有着惊人的相似，诸如单一继承、接口、与Java几乎同样的语法和编译成中间代码再运行的过程。但是C#与Java有着明显的不同，它借鉴了Delphi的一个特点——与COM（组件对象模型）是直接集成的，而且它是微软公司.NET开发框架的主角。用C#所开发的程序源代码，并不是编译成能够直接在操作系统上执行的二进制本地代码，而是与Java类似，它被编译成为中间代码，然后通过.NET Framework的虚拟机——被称为"通用语言运行库"（Common Language Runtime, CLR）——来执行。所有的.NET编程语言都被编译成这种MSIL（Microsoft Intermediate Language）中间代码。因此，虽然最终的程序在表面上仍然与传统意义上的可执行文件都具有.exe的后缀名，但是实际上，如果计算机上没有安装.NET Framework，那么这些程序将不能够被执行。

由于出现年代较晚，C#几乎集中了所有关于软件开发和软件工程研究的最新成果：面向对象、类型安全、组件技术、自动内存管理、跨平台异常处理、版本控制、代码安全管理……尽管在罗列上述特性时，总是让人想到Java，然而C#确实走得更远。因此，

C#语言是一种现代的、稳定的、简单的、通用的、优雅的，类型安全、面向对象、面向组件的编程语言，是一种强大而灵活的编程语言。因为 C#源于 C 语言系列，所以 C、C++、Java 和 JavaScript 的程序员很快就可以上手。C#照搬了 C++的部分语法，因此对于数量众多的 C++程序员来说，学习起来也会非常容易。另外，对于学习编程的新手来说，C#相比 C++要简单一些。C#凭借其通用的语法和便捷的使用方法受到很多企业和开发人员的青睐。使用 C# 语言不仅能开发在控制台下运行的应用程序，也能开发 Windows 窗体应用程序、网站、手机应用等多种应用程序，还能作为游戏脚本编写游戏控制代码。使用微软配套提供的 Visual Studio 开发工具，开发人员能快速高效地构建 C#应用程序。由于 Windows 是具有垄断地位的平台，要开发 Windows 应用，使用微软提供的 C#语言是毋庸置疑的选择。当然 C#也有弱点，首先是在一些版本较旧没有安装 .NET 运行库的 Windows 版本上，C#的程序就不能运行；其次，虽然 C#也支持跨平台，但因为集成了微软的 .NET Framework，所以目前还是以 Windows 平台为主；最后，C#的学习曲线也很陡峭，同样不大适合新手和初学者。

❺ Visual Basic

　　Visual Basic（VB）是微软公司开发的一种通用程序设计语言，使用 VB 可快速、轻松地创建类型安全的 .NET 应用。VB 是一种现象级的编程语言，现在的年轻程序员可能几乎没有接触过 VB，但 VB 在当年可以说是红极一时。1991 年 4 月，微软公司发布了 Visual Basic 1.0，这在当时引起了巨大的轰动。许多专家把 VB 的出现当作是软件开发史上具有划时代意义的事件，因为 Visual Basic 1.0 是全世界第一种可视化编程语言。在使用传统的程序设计语言编程时，一般需要通过编写程序来设计应用程序的界面（如界面的外观和位置等），而且在设计过程中看不见界面的实际效果。而通过 Visual Basic 这个全新的事物，开发人员在界面设计时可以直接用 Visual Basic 的工具箱，在屏幕上"画"出窗口、菜单、按钮等不同类型的对象，就像是在某种艺术画布上作画一样。而要让按钮执行某些操作，所要做的事情就是在设计环境中双击这个按钮然后编写一段代码即可，因而程序设计的便捷性得以大大提高。这使得全世界的程序员欣喜至极，他们都尝试在 VB 的平台上进行软件创作。自 VB 3.0 开始，微软将 Access 数据库驱动集成到 VB 中，VB 4.0 开始引入了面向对象的程序设计思想，2002 年推出的全新 Visual Basic.NET 基于微软 . NET 框架平台，成为一种真正的面向对象的编程语言。

Visual Basic 的 "Visual" 指的是采用可视化的开发图形用户界面（GUI）的方法，一般不需要编写大量代码去描述界面元素的外观和位置，而只要把需要的控件拖放到屏幕上的相应位置即可；而 "Basic" 指的是 BASIC 编程语言，因为 VB 是在 BASIC 语言的基础上发展起来的。VB 是一种结构化的、模块化的、面向对象的、包含以协助开发环境的事件驱动为机制的可视化程序设计语言。VB 使用了可以简单建立应用程序的 GUI 系统，是一种基于窗体的可视化组件联合。程序员不用写多少代码就可以完成一个简单的程序，但是又可以开发相当复杂的程序。VB 的程序很容易和数据库连接，比如利用控件可以绑定数据库，甚至不用写一行代码就可以掌握数据库的所有信息。而且 VB 还引入了 "控件" 的概念，大量已经编好的 VB 程序可以被我们直接拿来使用。VB 功能强大，学习简单，它最大的优势在于它的易用性，可以让经验丰富的 VB 程序员或是刚刚入门的人都能用自己的方式快速开发程序。

在早期版本中，VB 程序的运行效率和性能问题一直被人诟病，但是随着计算机硬件性能的飞速发展，关于性能的争论已经越来越少了。也许正是因为 VB 曾经的如日中天，使它成为一种充满了争议的语言。一些批评家认为 VB 的简单特性使其在未来具有 "伤害性"：很多人虽然学会了 VB 编程，但是并没有学到好的编程习惯。当 VB 进入课堂的时候，学生们不能学到很多基础的程序技术和结构，因为这些技术已经包含在那些对用户可见的组件里面了。一些资深程序员甚至认为 VB 是一种给儿童和 "菜鸟" 程序员使用的语言。但是，我们认为对任何程序开发工具的歧视都是错误的！VB 的真正问题在于它太过成功了，它极为有效地降低了新程序员的学习障碍，使得几乎任何人都可以使用 VB 进行编程。由于太过便捷而引起的困扰，其实并不是 VB 本身的问题，就像我们不能怪罪汽车造成了人们的懒惰一样。VB 的强大就在于它能够快速开发应用程序，使程序员有更多的时间和精力去考虑用户的需求，开发出满足用户需要的软件，而不是花费大量的时间去制作界面和组件，等等。VB 的核心思想就是要尽可能方便程序员使用，无论是新手还是专家。专业人员可以用 VB 实现其他任何 Windows 编程语言可以实现的功能，而初学者只要掌握几个关键词就可以建立实用的应用程序。

但是，Visual Basic 所做的事情其实一点也不简单。它是一种强大的语言，无论是开发功能强大、性能可靠的商务软件，还是编写个人电脑的实用小程序，VB 都是最快速、最简便的。它可以用来开发商业、教育、工程、游戏和许多其他方面的应用软件。VB 语言作为入门计算机语言，还是很多学校开设编程学习的入门级语言，大量的学生利用 VB 语言开启了他们学习计算机编程的世界。不仅如此，微软还开发了一系列由 VB 所派生出来的脚本语言：VBA（Visual Basic for Applications）是 VB 的一种宏语言，包含在微软的 Microsoft Office 软件产品里面，以供用户二次开发；VBS（Visual Basic Script Edition）是默认的 ASP 服务器端脚本语言，还可以用在 Windows 脚本编写和网页编码中。VB 是当今世界上使用最广泛的编程语言之一，曾经号称是"世界上使用人数最多的语言"，有人统计说 VB 程序代码数量曾经是 C++ 的 10 倍。现如今，即便在 Windows 平台上，人们对 VB 的热情也逐渐消失了，它不再是许多人的首选语言。但这并不是因为 VB 变弱了，而是因为同在 .NET 平台的 C# 变强了。VB 在发展过程中逐步获得了与 C# 相同的功能，而 C# 也获得了与 VB 相同的便利。作为世界上曾经最流行的编程语言，VB 似乎要日落西山了。虽然几十年来各种新兴的编程语言潮起潮落，但 VB 始终站在 TIOBE 编程语言排行榜的前十名之内。

❻ JavaScript

　　JavaScript 是一种运行在浏览器中的解释型编程语言，是互联网上最流行使用最广泛的脚本语言。JavaScript 属于 HTML 和 Web 的编程语言，目前全世界几乎所有的网页都在使用 JavaScript。它是目前唯一一种通用的浏览器脚本语言，获得了所有现代网页浏览器的支持。JavaScript 是 Web 开发者必学的三种语言之一：HTML 定义了网页的内容，CSS 描述了网页的布局，JavaScript 控制了网页的行为。JavaScript 是网页设计和 Web 应用必须掌握的基本工具，是目前 Web 前端开发的唯一选择。对于一个互联网开发者来说，如果你想提供漂亮的网页、令用户满意的上网体验、各种基于浏览器的便捷功能、前后端之间紧密高效的联系，JavaScript 是必不可少的工具。JavaScript 与 Java 在名称上近似，但不要将 JavaScript 与 Java 编程语言混淆。无论是在概念上还是设计上，JavaScript 与 Java 都是两种完全不同的语言，但是它们又有一些历史渊源。JavaScript 最初由 Netscape 公司开发，它的基本语法是模仿 Java 而设计的，JavaScript 这个名字的原意就是"很像 Java 的脚本语言"。1995 年，Netscape 公司为了营销，与 Sun 公司（Java 语言的发明者和所有者）达成协议，联合发布 JavaScript 语言，对外宣传 JavaScript 是 Java 的补充，属于轻量级的 Java，专门用来操作网页。Netscape 公司可以借助 Java 语言的声势，而 Sun 公司则将自己的影响力扩展到浏览器。

　　JavaScript 虽然简洁，却非常灵活，速度很快，并且支持面向对象、指令式、声明式、函数式编程范式。JavaScript 是一种采用事件驱动的脚本语言，它不依赖操作系统，也不需要服务器的支持。只要有浏览器，就能运行 JavaScript 程序，它不需要经过 Web 服务器就可以对用户的输入做出响应。正因为 JavaScript 只需要浏览器的支持，并且得到几乎所有浏览器的支持，所以 JavaScript 拥有其他编程语言无与伦比的跨平台特性，它可以在几乎任意系统平台下运行（如 Windows、Linux、Mac OS、Android、iOS 等）。JavaScript 很容易学习，它的语法跟 C/C++ 和 Java 很类似，如果学过这些语言，那么要入门 JavaScript 将会非常容易。而且相比其他解释型脚本语言（比如 Python 或 Ruby），JavaScript 的语法相对更加简单，其本身的语法特性并不是特别多。

JavaScript 的应用场景极其广泛，简单到幻灯片、照片库、浮动布局和响应按钮点击，复杂到游戏、2D/3D 动画、大型数据库驱动程序，等等。在最主要的领域，JavaScript 被深入而全面地用于 Web 应用开发，主要用来向 HTML 网页添加各式动态交互功能，它可以让网页呈现出各种特殊效果，为用户提供更流畅美观的浏览和互动体验。如今在电脑、手机、平板电脑上浏览的所有网页，以及无数基于 HTML 5 的手机应用程序，其中的交互逻辑都是由 JavaScript 来驱动的。近年来，JavaScript 的使用范围慢慢超越了网页浏览器，正在向通用的系统编程语言发展。随着 HTML 5 的出现，浏览器本身的功能越来越强，不再仅仅是浏览网页，而是越来越像一个系统平台。因此 JavaScript 得以调用许多系统功能，比如操作本地文件、操作图片、调用摄像头和麦克风等，这使得 JavaScript 可以完成许多以前无法想象的事情。并且，新兴的 Node 项目把 JavaScript 引入到服务器端，使得 JavaScript 可以用于开发服务器端的大型项目，网站的前后端都用 JavaScript 开发已经成为了现实。JavaScript 已经变成了全能型选手。曾几何时，JavaScript 一度被认为是一种玩具编程语言，它有很多缺陷，所以不被大多数后端开发人员重视。但如今丑小鸭变天鹅，JavaScript 在 Web 应用上的霸主地位无可动摇。为什么要学 JavaScript？因为我们没有选择。在 Web 的世界里，只有 JavaScript 能跨平台、跨浏览器驱动网页，实现与用户交互。软件公司的项目负责人可以很容易招聘到数量众多的 JavaScript 程序员，开发者也可以很容易地找到一份 JavaScript 编程的工作。

❼ PHP

PHP 是一种免费、通用、开源的服务器端脚本语言，是目前网站开发使用最多的一种编程语言。PHP 这名字最早是作为 Personal Home Page 的缩写出现的，后来正式更名为 Hypertext Preprocessor（超文本预处理器）。PHP 最初是在 1994 年由 Rasmus

Lerdorf作为个人主页创建的，1995年公开发布了第一个版本。几十年来PHP一直持续发展进步，在2015年发布的PHP 7.0相比上一个版本的性能整整提升了2倍。PHP独特的语法吸收了C语言、Java和Perl的特点，同时支持面向对象和面向过程的开发，使用上非常灵活。PHP支持几乎所有流行的数据库以及操作系统，用PHP开发的程序可以不经修改在Windows、Linux、Unix、Mac OS等多个操作系统上运行，PHP还与目前几乎所有的正在被使用的服务器相兼容（Apache、IIS等）。"Linux + Nginx + Mysql + PHP"是它的经典安装部署方式，相关的软件全部都是开源且免费的，因此使用PHP可以节约大量的正版授权费用。PHP性能强大且高效，用PHP编写的脚本程序通常比用其他脚本语言（如ASP，Ruby，Python等）编写的脚本程序执行或运行得更快。PHP程序占用内存非常少，页面级生命周期各种资源用完即释放，不存在内存泄漏的问题。PHP代码可以放在文档中的任何位置，不需要安装额外的编译工具也不需要编译生成，PHP代码文件直接覆盖即可完成"热部署"。PHP代码在服务器上执行，而结果以HTML纯文本形式返回给浏览器。PHP易于学习和使用，对初学者而言入门简单，但它也能为专业的程序员提供许多强大的功能。

PHP主要适用于Web开发领域，用于编写动态生成的Web页面。除此以外，PHP还可以应用在物联网、实时通信、游戏、微服务等非Web领域的系统研发上。多年来，PHP在Web网站服务器端编程语言的份额一直接近80%，其次是ASP.NET，占比约10%，第三是Java，占比在4%左右。可以说PHP在Web服务器语言市场上是霸主级别的存在，将排在第二位的ASP.NET和第三位的Java远远甩在身后。虽然近两年PHP的占比略有下降，关于PHP的未来也争论不断，但是目前依然没有哪种编程语言有可能追赶上PHP，其"笑傲江湖的地位"相信很长时间内都是难以撼动的。像WordPress等大型网站和内容管理系统，都是用PHP构建的。PHP作为一个开源软件，一直以来都缺乏大型科技公司的技术支持背景，网络上对它唱衰的声音从未间断过。不过它的持续迭代和性能持续增强的现实却是鼓舞人心的，PHP社区用实际行动给予各种质疑强有力的回击。PHP这种编程语言深受广大程序员的喜爱，互联网上有一个经典的程序员笑话，说"PHP是世界上最好的语言！"当然，这个"最好"的头衔可能任何编程语言都担不起，但这个著名的笑话也代表了PHP曾经拥有巨大的热度。而且，如果说"世界上最好的语言"言过其实，那么说"PHP是世界上最好的Web后端语言"绝对当之无愧！既然全球接近80%的网站都使用PHP，也就使得市场上涉及PHP编程的工作很多，就业机会和范围广泛。所有的网站都需要维护人员，也需要开发人员，PHP巨大的市场份额注定它不会在短时间内被淘汰。

⑧ SQL

SQL 全称是 Structured Query Language，翻译过来是"结构化查询语言"。它是一种有特殊目的的编程语言，是一门用于访问和操作数据库的标准计算机语言。SQL 语言 1974 年出现，首先在 IBM 公司的数据库系统 SystemR 上实现。由于它具有功能丰富、使用方便灵活、语言简洁易学等突出的优点，深受计算机工业界和计算机用户的欢迎，后来逐步成为美国国家标准化组织 ANSI 和国际标准化组织 ISO 的一项标准。在当前的计算机编程世界，无论是 Web 开发、游戏开发还是手机开发，掌握 SQL 是所有软件开发人员所必需的。因为所有应用程序都需要保存用户的数据，随着应用程序的功能越来越复杂，数据量越来越大，如何管理这些数据就成了大问题。而数据库作为一种专门管理数据的软件出现，应用程序不需要自己管理数据，只要通过数据库软件提供的接口来读写数据即可。至于数据本身如何存储到文件，那是数据库软件的事情，应用程序自己并不关心。这样一来，编写应用程序的时候，数据读写的功能就被大大地简化了。

现代程序离不开关系数据库，要使用关系数据库就必须掌握 SQL。也就是说，无论程序员使用哪种编程语言（Java、Python、C++、PHP……）来编写程序，只要涉及操作关系数据库，都必须通过 SQL 来完成。SQL 语句既可以查询数据库中的数据，也可以插入、更新和删除数据库中的数据，还可以对数据库进行管理和维护操作。SQL 可与所有数据库程序协同工作，比如 MySql、MS Access、DB2、Informix、MS SQL Server、Oracle、Sybase 等。所有的数据库系统都支持 SQL，我们通过学习 SQL 这一种语言，就可以操作各种不同的数据库。SQL 是一个综合的、通用的、功能极强的关系数据库语言。SQL 既是自含式语言，又是嵌入式语言。作为自含式语言，它能够独立地用于联机交互，用户可以在终端键盘上直接输入 SQL 指令对数据库进行操作；作为嵌入式语言，SQL 语句能够嵌入到高级语言的程序中，供程序员设计程序时使用。而在两种不同的使用方式下，SQL 的语法结构基本上是一致的。SQL 语言设计巧妙，语法十分简洁，完成数据定义、数据操纵、数据控制的核心功能只用了 9 个动词：CREATE、ALTER、DROP、SELECT、INSERT、UPDATE、DELETE、GRANT、REVOKE。SQL 的语法接近英语口语，所以用户容易学习，也容易使用。

❾ Go

Go 也称为 Golang，是一种静态强类型、编译型、并发型，并具有垃圾回收功能的编程语言。Go 是一门非常年轻的编程语言，它起源于 2007 年，并在 2009 年正式对外发布。Go 语言首先在 Linux 及 Mac OS 平台上运行，后来追加了对 Windows 系统的支持。Go 语言是一个开源的项目，任何人都可以免费获取编译器、库、配套工具的源代码。Go 语言的语法类似于 C 语言，是编程语言设计对类 C 语言的重大改进。它继承了与 C 语言相似的表达式、控制流结构、数据类型、指针等思想，还具备 C 语言最擅长的编译后运行效率，但它在 C 语言的基础上对语法进行了大幅简化。Go 语言被很多人誉为"21 世纪的 C 语言""互联网时代的 C 语言"。Go 语言为并发而生，它从底层原生支持并发，从根本上将一切都并发化。Go 语言将并发编程变得极为容易，无须使用第三方库，无须处理回调，无须关注线程切换，仅一个关键字就可以轻松搞定。Go 语言支持交叉编译，是第一门完全支持 UTF-8 的编程语言，程序员可以在 Linux 系统上进行开发，然后在 Windows 系统上运行。Go 语言的主要目标是将静态语言的安全性和高效性与动态语言的易开发性有机结合。它的编译速度快，并提供了功能强大的标准库，兼具了效率、性能、安全、健壮等特性。Go 语言的强项在于它非常适合开发网络并发方面的服务，比如消息推送、监控、容器等网络基础服务。对于高性能分布式系统领域，Go 语言无疑比大多数其他语言有着更高的开发效率，所以在高并发的项目上大多数公司会优先选择 Go 作为开发语言。Go 语言也是一门通用的编程语言，它的用途广泛，还可以用于系统编程、图形图像驱动编程、移动应用程序开发和机器学习等诸多领域。很多重要的开源项目都是使用 Go 语言开发的，其中包括 Docker、Go-Ethereum、Terraform 和 Kubernetes。纵观近年来的发展趋势，Go 语言已经成为云计算、云存储时代最重要的基础编程语言。Go 语言的语法简单、规则严谨、没有歧义，非常容易学习，而且学习曲线平缓。Go 语言功能完善、质量可靠的标准库为编程语言提供了充足动力，程序员在不借助第三方扩展的情况下就可完成大部分基础功能开发，这大大降低了学习和使用的成本，上手非常容易。Go 语言的简单、高效、并发等特性吸引了众多传统语言开发者的加入，一个熟练的开发者只需要短短的一周时间就可以从学习阶段转到开发阶段，并完成高并发的服务器项目开发。

1.3

Hello,
Python!

编程语言的
发展方向

综上所述，计算机编程语言在出现和发展的几十年中，从机器语言发展到汇编语言，再从汇编语言发展到高级语言，各种编程语言轮番登场争奇斗艳，在各自擅长的领域各领风骚数十年。那么，计算机编程语言后续的发展方向是什么呢？这是选择学习一门编程语言之前需要了解的信息，也是值得每一个程序员思考和重视的问题。笔者认为，计算机程序语言发展的下一阶段，应该称之为"智能语言"。智能语言的特点，也就是当前编程语言发展的方向，体现在如下几个方面：

首先，编程语言之所以被称为"语言"，是因为它是给人读写的。从数字天书一般的机器语言，发展到用单词来帮助记忆的汇编语言，是为了方便人类书写和记忆；再从汇编语言发展到高级语言，更是为了适应人类的思维方式，简化编程人员的书写和操作。此外，编程语言从不能跨平台发展到可以跨平台，从必须编译发展到可以解析执行，从需要严格的变量类型定义和内存管理发展到由编程语言自动进行变量类型定义和内存管理，无不是在简化和方便人类的操作。简单来说，编程语言的发展史，就是一部从靠近机器变得越来越靠近人类，从考虑机器的效率变得越来越方便人类使用的进化史。因此，计算机编程语言的后续发展，也将保持和更加明显地体现这种趋势：编程语言更加接近人类的语言，人们将能够更加容易地学习、书写、阅读和运行程序代码。而计算机硬件性能的不断发展，也极大支撑和促进了这种变化。未来，除了专业程序员，普通人也能够方便地进行计算机应用开发，程序编程将变得像 Word 和 Excel 一样，成为每个人的基本技能。

其次是跨平台。在移动互联网的时代，跨平台显得无比重要。如今的计算机系统和计算机网络，早已不是个人电脑一统江湖的时代。即便不算服务器市场，仅在个人终端领域，就有台式电脑、笔记本电脑、平板电脑、手机、智能手表、智能电视等各式各样的终端设备。这些林林总总的设备，使用的操作系统也各不相同，有 Windows、Linux、iOS、iPadOS、Mac OS、安卓、鸿蒙等。如果开发程序语言不能跨平台的话，对于发布全平台的软件开发者，将是十分痛苦的经历。多平台开发不仅预示着巨大的人力成本和经济成本增加，也会极大增加后续功能维护和升级的难度。这也是跨平台开发语言 Java、Python 和 JavaScript 等越来越流行的原因。未来编程语言的发展，也必将越来越偏向于拥抱跨平台。不能跨平台的编程语言将像汇编语言一样，越来越局限在小范围的专业应用领域中。流行的应用程序和软件领域，必将会成为跨平台编程语言的天下。

最后我们来讲讲编程思想的发展，这里主要有两个概念："面向过程的编程"和"面向对象的编程"。面向对象的编程思想，要晚于面向过程的编程出现，但这两个概念其实是相对的，在面向对象的编程思想出现前，也没有面向过程的编程这种说法。面向过程，其实就是程序设计的基本思想，现在被称为"传统的方式"。所谓"面向过程"，就是在程序设计时把计算机程序视为一系列指令的集合，也就是一系列对电脑下达指令的过程。而面向对象编程（Object Oriented Programming，OOP），是把计算机程序视为一组组对象的集合，把对象作为程序的基本单元。每个对象都有自己的属性和功能，计算机程序的执行就是在各个对象之间发送、接收和处理一系列数据。

说起来比较枯燥，我们用一个例子来作比喻：大侠郭靖收了徒弟，要教授武林绝学"降龙十八掌"给徒弟们，于是郭大侠运气发功，用潇洒的动作打出一套降龙十八掌，徒弟们无不叫好。然后让徒弟们来练，有些徒弟可以打到第十五掌，有些徒弟能打到一半，有些打到一招半式就不行了，能打完全套的徒弟凤毛麟角，就算打完全过程的，中间也有好多掌打得不好。郭大侠又亲自演示了好几遍，徒弟们还是进步缓慢，打完十八掌的过程中总是有好多问题，纠正了几遍都记不住。后来郭靖学习了一本面向对象的武林秘籍，恍然大悟，他将复杂的降龙十八掌拆分成一个个对象，每个对象就是其中一掌。他还总结出每一掌的特点和属性，给徒弟们明确了每一掌的动作起势和打出的效果。徒弟们针对每一掌分别学习，很快学会了每一掌的打法，再连起来打出十八掌。如果其中哪一掌打得不好，郭靖就单独针对那一掌的问题进行纠正，最后保证了降龙十八掌的顺利完成。而且，在将降龙十八掌模块化之后，郭大侠还举一反三，针对其中某些动作不够完善的掌法，单独进行了优化发展，还调整了每一掌的顺序，将一些厉害的掌法重复多打几次，威力就更强了，最后发展成为面向对象的"降龙三十六掌"，威震江湖！

上面的例子生动地说明了面向过程编程的局限性和面向对象编程的优点。在计算机语言的发展历史中，最初的计算机编程并没有面向对象的思想，但随着程序规模的快速发展扩大，在程序代码维护、优化和扩展方面出现很大的问题，使程序员在面对大型程序开发时感觉困难越来越难克服。后来面向对象编程的思想出现，模块化开发理念使程序代码的重用性、灵活性和扩展性得到极大的提升，如今其已成为程序设计开发的主流思想。但面向对象和面向过程这两种编程思想并没有优劣之分，也不是谁取代谁的问题。我们也不赞成把编程语言严格按照面向对象和面向过程两种类型来划分，说某些语言是面向过程的，另一些语言是面向对象的，都不是完全准确的。比如，通常认为C语言是面向过程的编程语言，但C语言也可以按照面向对象的思想来编程，也可以进行模块化开发。所谓"面向对象"的开发语言，一样可以按照面向过程的思想来开发。两种程序设计思想，可以根据所要开发的程序的需求，进行有针对性的选择，也可以共存。

我们说面向未来的编程语言，应该具备面向过程的开发能力，更应该支持面向对象的程序开发，这是最基本的要求。在此基础上，编程语言发展的下一阶段，笔者认为应该是"面向应用"的编程。什么是面向应用呢？我们还是通过前面讲编程语言发展阶段那个拨打电话的例子来说明：汇编语言解决了机器指令的记忆问题，高级语言解决了打电话的具体执行步骤的问题，但是，即便打电话这个完整的过程，也只是做了很小的一件事情。在程序开发的过程中，这可能就代表"打印"，或者"循环"，或者"拆分字符串"这些仍然相对简单的事项。而开发一个应用程序，需要安排计算机执行很多这种事项才能完成整个程序的工作，如有哪些事项、怎么执行、先后顺序怎么安排、出现问题怎么处理等，现阶段的编程语言都需要程序员通过程序代码去逐一书写和明确下来。就像我们给老张打电话这个事情，它可能是"召集部门会议"这项工作的其中一个事项。但召集部门会议，还需要做很多事情，比如除了老张还需要给哪些人打电话、会议时间的确定、预订会议室、给所有与会人员打电话、准备会议的材料、测试会议要用的设备等。我们这个时候最轻松和简单的办法是什么？就是告诉秘书去召集一个部门会议。具体召集会议要做的事情，我们不用关心，那是秘书要考虑的问题，他自己去梳理、安排并且执行。那么以后"面向应用"的智能语言，就是要成为"秘书"。我们只需要告诉计算机我们的需求，比如召集会议，编程语言不仅要能"听懂"我们的话，还要能智能地设计出程序的架构和代码。

智能语言的发展目标，肯定不是一次性快速完成的，但一定是通过计算机软硬件的逐步发展，通过自下而上、模块化、拟人化的方式迭代实现的。而编程语言的易读易学、机器学习、人工智能，这些都是本书的主角——Python语言——的特点和优势。

Python 史话

1.4

Hello, Python!

　　我们大多数人可能听说 Python 语言的时间并不长，多则十来年，少则几个月。但 Python 其实并不是一门新兴的计算机编程语言，它诞生于 1989 年！比 1995 年出现的 Java 语言都早了好几年。Python 语言可以说是老树逢春的典型。

　　Python 的创始人，也就是"Python 之父"，是荷兰人 Guido van Rossum（吉多·范罗苏姆），江湖人称"龟叔"。而他之所以被中国的程序员亲切地称呼为"龟叔"，推测应该是 Guido 的开头类似汉语拼音"Gui"（龟）。在本书中，我们还是称呼他的本名吉多。

　　1982 年，吉多毕业于荷兰阿姆斯特丹大学（University of Amsterdam），取得了数学和计算机科学硕士学位。尽管他的专业横跨数学和计算机两个领域，但相比数学，他本人总趋向于做计算机方面的工作，并特别热衷于编程和写计算机程序代码。而且跟好多计算机领域的"大神"类似，传说吉多在读大学的时候曾经因为沉迷于编程无法自拔，差点退学了。20 世纪 80 年代和 90 年代初，吉多在 CWI（荷兰国家数学和计算机科学研究所）做程序员，在此期间他发明了 Python 语言。1995 年，吉多举家从欧洲迁居美国，先后在 NIST（美国国家标准与技术研究院）、CNRI（美国国家研究创新联合会）、BeOpen、Zope、Elemental Security 等机构和公司工作过。2005 年，吉多加入谷歌担任资深主任工程师，谷歌公司许诺他可以用一半的时间来维护 Python 项目。传说他去谷歌面试的时候，简历上只写了三个单词"I wrote Python"，当然这只是个段子。2013 年，吉多加入著名的在线文件存储服务公司 Dropbox 并担任首席工程师，2019 年，他从 Dropbox 离职后宣布退休。但在 2020 年，64 岁的吉多又复出加盟微软公司。

　　作为 Python 语言的创始人，计算机世界的英雄，吉多在现实生活中其实一直算不上是有钱人。在多年的职业生涯中，他为了赚钱供孩子上大学，还曾经离开他心爱的 Python-Labs 团队。但吉多对 Python 语言的爱从不曾减弱，他推崇开放和自由，喜欢穿印有 Python 主题的各种文化衫。他在 Python 社区一直担任 Benevolent Dictator for Life（"终身仁慈独裁者"），始终参与和指导 Python 语言的发展和维护。

Python 的诞生过程，是一个极具戏曲性的故事。市面上几乎所有的 Python 书籍和介绍都是这样传说的：在 1989 年的圣诞节期间，作为程序员的吉多觉得无聊，为了打发假期，想找一个编程项目来做，于是花了两个星期发明了 Python……没错，一般大神的传说都是这样神奇！但根据 Python 官方网站上吉多本人撰写的文章自述，当年他在 CWI 的 Amoeba 分布式操作系统部门工作，当时他们需要一种比编写 C 程序或 Bash 脚本更好的方式来进行系统管理。而吉多之前在 CWI 的 ABC 语言实现部门工作时学到了大量有关编程语言设计的知识，他认为某种既具有 ABC 语言的语法又能访问 Amoeba 系统调用的脚本语言可以满足需求。于是吉多决定开始尝试编写这门新的语言。当然，他也不可能仅仅花两个星期就完成了 Python 的开发，事实上吉多经过一年多的开发和改进，才对外发布了 Python 语言的第一个版本。

Python 的英文原意翻译成汉语是"蟒蛇"，但 Python 编程语言跟蟒蛇这种爬行动物显然没有一毛钱关系。之所以会选择 Python 作为该编程语言的名字，Python 官方网站的资料文档中明确地说了，这个名字来源于英国 BBC 电视台从 20 世纪 70 年代开始播出的系列情景电视喜剧 *Monty Python's Flying Circus*（《蒙提·派森的飞行马戏团》）。当初吉多在着手编写 Python 的时候，还阅读了刚出版的 *Monty Python's Flying Circus* 的剧本。吉多觉得他需要选择一个简短、独特而又略显神秘的名字，于是他决定将这门新的编程语言命名为"Python"。Python 语言最初的 logo 图标（图 1-1），是由吉多的兄弟 Just von Rossum 设计的。而现在最新的 Python 语言 logo 图样，则像是两条缠绕在一起的胖胖的小蟒蛇（图 1-2）。

通常来说，业界都认为 Python 语言是在教学语言 ABC 的基础上发展而来的。正如吉多本人的自述，他在荷兰阿姆斯特丹为 CWI 工作时曾参与过 ABC 语言的设计开发。与那个年代大部分的编程语言不同，ABC 语言以教学为目的，是专门为非专业程序员设计的。ABC 语言的目标是希望让计算机语言变得容易阅读、使用、记忆和学习，并以此来激发人们学习编程的兴趣。但

图 1-1

图 1-2

ABC 语言最终并没有流行起来，一个重要原因是计算机硬件的性能限制。在当时，ABC 语言的编译器需要性能比较强大的电脑才能运行，但在 20 世纪八九十年代普通电脑的性能不足，高配置电脑的使用者又并不在意编程语言的学习难度。而从吉多本人的观点来看，他对 ABC 语言有过许多抱怨，但同时也很喜欢它的许多特性；他觉得缺乏可扩展性是 ABC 语言最大的问题，ABC 语言没有成功普及应用就是因为它不够开放。所以，吉多在设计 Python 语言的过程中，也尽量避免并改进了这方面的问题，使其成为一种具有全面可扩展性的语言。

Python 的语法受到了 ABC 语言的强烈影响，这些语法规定让 Python 语言容易阅读和学习。但来自 ABC 语言的一些语法规定，直到今天还富有争议，比如强制缩进。一般来说，大多数编程语言都是代码风格自由的，也就是说程序代码不在乎缩进多少，不管写在哪一行，只要有必要的空格即可。但 Python 语言规定代码必须要缩进，因为 Python 是按照缩进来划分代码块的，而不像大多数语言一样是用花括号或其他符号。这也引起很多其他语言的程序员调侃说，"Python 的程序员需要使用游标卡尺"。

Python 语言的设计还参考了许多其他的计算机编程语言，比如 Modula-3、C、C++、Algol-68、SmallTalk、Unix shell、Perl 等。除了 ABC 语言，Python 的语法很多都来自 C 语言。Python 从其他语言中学习和借鉴了许多优点，将各种编程语言优秀的特性融合于一体。可以说，Python 就是"浓缩各种编程语言的精华"，Python 的成功也代表了计算机编程语言发展历史上各种语言的成功。

最初的 Python 语言是作为吉多本人的个人项目，完全由他一个人开发，他主要用自己的业余时间来做这件事。后来，Python 在 CWI 的 Amoeba 项目使用中获得了很大的成功，得到了吉多同事们的欢迎，他们积极向吉多反馈使用意见，并参与到 Python 的改进工作中来。吉多和他的一些同事组成了 Python 初期的核心团队，随后 Python 逐渐拓展到 CWI 之外。在 Python 语言的开发过程中，社区起到了重要的作用。Python 的开源和开放，让来自世界各地的程序员都可以参与 Python 语言的开发和维护。目前，Python 是由一个核心开发团队在负责维护，但吉多仍然发挥着至关重要的指导作用。以下是 Python 发展历史上重要的时间节点：

1991 年，第一个 Python 解释器诞生，它是用 C 语言实现的，并能够调用 C 语言的库文件。1991 年 2 月，Python 0.9.0 第一次正式发布在 Usenet（新闻网，一种交互式电子讨论组）。

Python 1.0　1994 年 11 月发布。

Python 1.5　　1997年12月31日发布。

Python 1.6　　2000年9月5日发布。

Python 2.0　　2000年10月16日发布，增加了对Unicode的支持，实现完整的内存垃圾回收机制，构成了现在Python语言框架的基础。

2001年，Python软件基金会（PSF）成立，这是一个专为Python相关知识产权而创建的非营利组织。

Python 2.1　　2001年4月17日发布。

Python 2.2　　2001年12月21日发布。

Python 2.3　　2003年7月29日发布。

Python 2.4　　2004年11月30日发布。同年，最流行的Web框架Django诞生。

Python 2.5　　2006年9月19日发布。

Python 2.6　　2008年10月1日发布。

Python 3.0　　2008年12月3日发布。Python 3.0的重点是删除重复的编程结构和模块，新版本不完全兼容之前的Python 2源代码。Python 3.0版本常被称为"Python 3000"，或简称"Py3k"。相对于Python的早期版本，这是一个较大的升级。

Python 3.1　　2009年6月27日发布。

Python 2.7　　2010年7月3日发布。是的没错，Python 2.7的发布是晚于Python 3版本的，它主要是将很多Python 3的新特性移植到了Python 2.7中。

Python 3.2　　2011年2月20日发布。

Python 3.3　　2012年9月29日发布。

Python 3.4　　2014年3月16日发布。

Python 3.5　　2015年9月13日发布。

Python 3.6　　2016年12月23日发布。

Python 3.7　　2018年6月27日发布。

Python 3.8　　2019年10月14日发布。

Python 3.9　　2020年10月5日发布。

Python 3.10　2021年10月4日发布。

Python 3.11　2022年10月24日发布。

其中，Python 2.7是最后一个Python 2.x的版本，它除了支持Python 2.x的语法外，还支持部分Python 3.1的语法。2020年1月1日，Python官方正式结束了对Python 2的维护，这意味着 Python 2 完全"退休"，Python 已经彻底进入 Python 3 的时代。从此以后，Python 2.x 的类库等已经被放弃支持了，用户如果想要在这个日期之后继续得到与 Python 2.7 有关的支持，则需要付费给商业供应商。对于 2.x 和 3.x 这两个版本，我们到底该选择哪一个来学习和使用的问题，Python 官方的表述非常明确：Python 2.x 已经是"遗产"，Python 3.x 是现在和未来的语言。

由于 Python 3.x 向下不兼容，从 2.x 到 3.x 的过渡并不容易，整个 Python 世界花了漫长的十多年来进行迁移。但 Python 依然是一个继续发展中的语言，Python 的运行效率和性能依然值得改进。"Python 之父"吉多曾经在社交媒体上表示，假如会有 Python 4，那么从 3 到 4 的版本过渡会更像是从 1 到 2 的过渡，而不会像是从 2 到 3 的过渡。但后来吉多在被问及 Python 的未来，以及什么时候会出 Python 4.0 的时候，他却表示可能不会有 Python 4 了。他说，"我和 Python 核心开发团队的成员对 Python 4.0 没什么想法，提不起兴趣，估计至少会一直编号到 Python 3.33。"

Python 语言自诞生以来已超过 30 年了，为何大器晚成呢？分析原因，其一是在 Python 刚出现的 20 世纪 90 年代，计算机硬件的性能相比现在差得多，软件程序执行的速度和效率更加重要，程序员编程时对快速开发并不是特别看重，如何"压榨"机器性能才是第一要务。而 Python 作为一门解释型动态语言，边解释边执行，天生就存在运行速度较慢的问题，因此并不被当时的编程业界看好。Python 追求快速开发、强调语法简洁、降低学习门槛的核心理念，并没有成为当时计算机行业的主流观点。时至今日，计算机硬件的性能已经得到飞速发展和提高，运行效率已不再是制约编程语言的最重要因素，快速开发、入门简单则成为用户选择编程语言的重要考虑因素，而 Python 很好地满足了这些新的需求。其二是 Python 语言的"出身"不好。看看我们在前面介绍过的各种主流编程语言，可以说个个都"系出名门"，它们的东家不是 Sun 和 Oracle，就是微软和谷歌，几乎都是计算机和互联网业界的巨头。因此这些语言能得到大力推广和宣传，并且有专业的组织和团队开发和维护，可以快速普及并获得成功。而 Python 语言"出身寒门"，最初只是个人编写开发，有些被人诟病的问题也长期得不到解决，后期因为志愿者和社区的加入才逐渐改善。所以和其他巨头公司的"正规军"比起来，Python 语言的起步和能量都差了很多，这些都导致 Python 在初期发展较为缓慢。

回顾历史，Python 语言看似是吉多本人在不经意间开发出来的，但它丝毫不比其他任何编程语言差。虽然 Python 在诞生的最初十来年一直不温不火，但从 Python 2.0 开始其开发方式转为完全开源的方式，复杂的开发工作被整个社区分担，Python 也获得了高速的发展。进入 21 世纪之后，Python 的使用率呈线性增长，越来越受到广大程序员的欢迎和喜爱，大量的企业也开始采用 Python 语言。到了 21 世纪的第二个十年，Python 迎来了爆发式的增长，这主要得益于大数据和人工智能的迅猛发展，这个早在上个世纪就早已出现的编程语言终于高调回归。现如今，计算机硬件的性能已不再是瓶颈，Python 语言简单容易又开源免费，因此越来越多的人开始学习和使用 Python，Python 不再是程序员的"特供"语言，它正在以惊人的速度席卷各行各业。

自 1989 年诞生以来，从名不见经传到跃居几乎所有编程语言排行榜的首位，Python 堪称"编程语言界的屌丝逆袭样板"。

1.5 Python 的特点

Hello,
Python!

Python 是一门开源、面向对象、交互式、解释型的脚本语言，同时也是一种功能强大而完善的通用型语言。Python 语言能够达到今天的业界地位，它有很多闪闪发光的优点：

❶ 简单易学

Python 语言最大的特点就是简单：Python 的语法简洁明了，Python 有极其简单的说明文档，Python 结构简单且关键词相对较少。和传统的编程语言 C、C++、Java、C# 等相比，Python 对语法的要求没有那么严格，这种宽松使得用户在编写代码时比较轻松，不用在细枝末节上花费太多精力。比如：Python 不要求在每个语句的最后写上分号，当然如果写上也没有什么错；Python 在定义变量时不需要指明变量类型，甚至可以给同一个变量赋值不同类型的数据。Python 非常贴近人类语言，阅读一段排版优美的 Python 代码，就像在阅读一段文章。Python 是一种极简主义的编程语言，这种本质是它最大的优点之一，它使你能够专注于解决问题而不用费太多时间去搞明白编程语言本身。Python 简单易用，学习成本低，看起来优雅干净，即便是非软件专业的初学者，也非常容易上手。简单，就是 Python 最大的魅力之一，也是它的杀手锏，用惯了 Python 再用其他编程语言可能会觉得难受。

❷ 开源免费

开源就是开放源代码，意思是所有人都可以获取和查看源代码。Python 源代码遵循 GPL（GNU General Public License，GNU 通用公共许可证）协议，这是一个开源的协议，也就是说任何人都可以免费使用和传播它，而不用担心版权的问题。Python 是

FLOSS（Free/Libre and Open Source Software 自由/开源软件）之一，使用者可以自由地发布这个软件的副本、阅读它的源代码、对它进行改动、把它的一部分用于新的自由软件中。Python官方将Python所有解释器和模块的代码都进行了开源设计，全世界所有Python用户都可以参与进来，一起改进Python的性能同时修补Python的漏洞，因为程序代码被研究得越多就越健壮。同时Python也鼓励所有程序员，在发布使用Python语言编写的程序代码时也进行开源。虽然开源不完全等于免费，但大多数的开源软件也是免费软件。Python就是这样一种语言，它既开源又免费。用户使用Python开发或者发布自己的程序，不需要支付任何费用，也不用担心版权问题；即使作为商业用途，Python也是免费的。

❸ 高级语言

高级语言的优点是使用简单方便，不用顾虑细枝末节。这里所说的"高级"，是指Python封装并屏蔽了很多底层细节，用Python语言编写程序时程序员无须考虑如何管理内存等工作，因为Python会自动进行管理。在Python程序执行时，Python的解释器先把源代码转换成byte code（字节码）的中间形式，然后再由Python Virtual Machine（Python虚拟机）翻译成机器语言并运行。这种虚拟机的机制跟Java语言和.NET平台虚拟机的基本思想是一致的。然而相比Java和.NET虚拟机，Python虚拟机距离真实机器的距离更远，抽象层次更高。Python将许多机器层面上的细节隐藏起来，交给编译器处理，程序员不用再担心如何编译程序，这也使得Python的使用更加简单。Python程序员可以将更多的时间用于思考编程的逻辑，而不是耗费时间去关注具体的实现细节。据统计，Python程序开发的效率相对于C、C++、Java等传统语言，提升了3~5倍。针对同样的问题或实现同样的功能，比较不同的编程语言，Python语言的实现代码往往是最短的，一般情况下Python程序的代码量是Java的五分之一！

❹ 面向对象

面向对象是所有现代编程语言所必须具备的特性，否则在面临大型系统和应用程序的开发时会捉襟见肘。Python是完全面向对象的语言，函数、模块、数值、字符串都是对象，并且完全支持继承、重载、派生、多继承，这些特性有益于增强源代码的复用性。

Python 支持面向对象，但它并不强制使用面向对象。而 Java 这种典型面向对象的编程语言，就强制用户必须以类和对象的形式来组织代码。Python 既支持面向对象的编程，也支持面向过程和函数式的编程，对新老程序员的编程习惯都比较友好，应对各种类型的程序开发都游刃有余。

❺ 可移植性

Python 是解释型语言，解释型语言由于无须事先编译成对应平台的机器语言，所以可移植性好，一般都是跨平台的，Python 语言也不例外。基于开放源代码等优势，Python 已经被广泛移植到几乎所有主流计算机平台上（在计算机行业，移植的意思就是经过一定改动就能够在不同的平台上工作）。这些平台包括 Windows、Linux、Android、Mac OS、PlayStation、FreeBSD、Macintosh、Solaris、OS/2、Amiga、AS/400、AROS、BeOS、OS/390、z/OS、VMS、Palm OS、QNX、Psion、Acom RISC OS、VxWorks、Sharp Zaurus、Windows CE、PocketPC、Symbian 以及各种 Unix 变种等，绝大多数 Python 程序都能够不做任何修改即可在上述任何平台上正常运行。可以说学习和使用 Python 语言，完全无须担心系统平台的问题，就可以打开通向任意计算机平台的大门。

❻ 功能强大

Python 语言拥有异常丰富和强大的类库，丰富的类库也是 Python 最大的优势之一。这些类库也被称为"模块"，其功能强大，用途广泛，既可以开发小型工具，也可以开发大型企业级应用。Python 的类库基本实现了所有常见的功能，从简单的字符串处理，到复杂的3D图形绘制，借助这些现成的类库都可以轻松完成。而且只要安装了 Python，所有这些类库的功能都是直接可用的，这也是最吸引全世界程序开发人员使用 Python 的原因！用 Python 开发，大量的功能不用自己从零开始编写，直接使用现成的模块即可，比如要开发一个其他语言实现起来非常麻烦的"网络爬虫"（一种自动抓取互联网信息的程序），Python 可能只需要几行调用类库的代码就完成了。Python 首先自带一个广泛而强大的标准库，这个标准库涵盖许多编程领域，提供操作系统接口调用、文件管理、网络通信协议、字符串处理、数据库访问、图形系统等大量的功能，又被形象地称作"内置电池"。除了内置的标准库以外，Python还具备大量的第三方扩展库。第三方扩展库就是官方以外其他人开发的，可以供Python编程使用的功能模块。这些第三方模块覆盖了科学计算、人工智能、机器学习、游戏开发、Web开发、图形系统等多个领域和应用场景，比如Twisted、wxPython、Python图像等高质量扩展库。即使是一些不常用的小众功能，因为Python开源项目的广泛参与，往往也都有对应的开源模块。而且Python社区发展良好，除了Python官方不断更新和提供核心模块，很多第三方机构和大型企业也参与开发模块。

❼ 可扩展性

Python的可扩展性首先体现在它的类库上，这些模块的底层代码不一定都是用Python语言编写的，很多用C/C++编写的都可以供Python编程使用。Python语言本身被设计为可扩充的，但并非所有的功能都集成到语言核心里，因此，Python提供了丰富的工具和API，以便全世界的程序员都能够轻松地使用C/C++等其他语言来编写扩展库。其次，Python编译器可以被集成到其他需要脚本语言的程序内，如将Python嵌入到C/C++程序中，让C/C++程序获得"脚本化"的能力，从而向程序的用户提供脚本功能。另外，Python可以将用其他语言（比如C/C++）开发的程序轻松地联结在一起，就像粘在一起似的，因此Python又被称为"胶水语言"。这样的扩展功能意义非凡！比如Python程序的其中一部分关键代码需要非常高效地运行，或者不希望将这部分程序的算法源代码公开，那么我们可以将这部分程序用C/C++语言来编写和编译，然后在Python程序中调用它们。事实上这样的应用非常多。我们常常用C语言为Python编写底层接口和功能模块，然后在Python编程中完成程序原型开发和逻辑调用，利用Python将其他语言编写的程序进行集成和封装，实现Python程序与C/C++程序相互调用，Python还可以与Java开发的组件集成……Python语言依靠良好的可扩展性和可嵌入性，在一定程度上弥补了其运行速度偏慢的缺点。

任何编程语言都有缺点，Python也不例外：

其一是运行速度慢。运行速度慢是解释型编程语言的通病，Python程序的运行速度不仅比以速度快著称的C和C++慢很多，而且比使用虚拟机的Java也要慢。除了解释型语言的原因，Python语言还因为其作为高级语言的特性，屏蔽了很多编程方面的底层细节。比如自动内存管理，Python要多做很多工作，这些工作很消耗资源和性能，这也是Python为了编程简单化而付出的代价。但运行速度的快与慢，其实是相对的。大多数应用程序和使用场景对速度的要求并不高，Python运行速度稍慢的缺点根本不会带来什么大问题。比如用户浏览网站时，打开一个网页等待的时间一部分是网站服务器程序的执行时间，另一部分是等待网络连接的时间。Python服务器程序跟其他语言程序在执行速度上的差别可能是0.002秒或0.001秒，但本身网络连接的时间可能需要1秒甚至2秒，那么服务器程序运行速度的快慢对用户来说根本感觉不出来。这就好比高速公路限速每小时100公里，理论时速400公里的F1赛车和最高时速200公里的家庭轿车在道路上最高都只能以每小时100公里的速度行驶，那么F1赛车的最高速度的优势体现不出来，但家庭轿车的乘坐舒适性和驾驶便捷性的优势反而对乘客更加有用了。随着计算机硬件配置的飞速发展，硬件本身的运算速度越来越快，硬件性能的提升极大地弥补了软件性能的不足，编程语言本身在执行效率方面的差异就变得没有那么重要了。另外，Python作为"胶水语言"，那些对运行速度要求很高的程序，可以使用C/C++语言来改写，再用Python程序来调用。所以总体来说，Python语言在绝大部分使用场景和应用领域的运行速度，都是足够快的。我们作为程序员，在现代计算机的硬件速度足够快的情况下，不要太在意程序的运行速度，Python语言在开发效率方面带来的收益往往比在运行速度上造成的损失要重要得多。

其二是代码加密困难。发布Python程序，跟发布C语言等编译型语言的程序有所不同。编译型语言不用发布源代码，源代码会被编译成可执行程序，因此发布出去的是编译后的可执行程序（比如Windows上常见的.exe文件），而要从可执行文件反推出源代码几乎是不可能的。但Python是解释型语言，解释型的语言必须把源代码发布出去，因为程序是一边解释源代码一边运行，因此对Python源代码加密比较困难。但这个"缺点"仅仅在要把Python软件直接卖给别人又不想提供源代码的时候存在，而这是一种传统的软件销售模式。随着互联网和云时代的到来，靠卖软件授权的商业模式越来越少了，最新的业务模式是通过网站或移动应用来提供服务，这种对服务进行收费的模式不需要把源代码提供给客户。而且开放源代码是软件产业的大趋势，软件开源运动和互联网自由开放的精神是一致的。就如同Python语言本身一样，开源会促进软件产业和编程工作更快更好地发展普及，我们程序员都应树立和适应新的观念。

其三是独特的语法。Python语言有一些区别于其他主流编程语言的独特语法，其中最有争议的就是强制缩进规则。Python跟其他大多数编程语言（比如C语言）的自由代码风格不同，也没有采用其他语言通过花括号等符号来划分代码块和函数的方式。Py－thon 程序代码中一个模块的界限，完全是由每行代码首字符在这一行的位置来决定的（而 C 语言是用一对花括号来明确地定出模块的边界，与字符的位置无关）。这种强制格式的要求，可能给很多初学者带来困惑，还会造成一些代码在阅读上的困难。甚至有很多从其他编程语言转过来的经验丰富的程序员，也会对这种独特的语法感到不适应。当然这种不便只是暂时的，只要程序员适应了 Python 语言的编程风格，这些独特的语法并不会成为编程的困扰。而且强制缩进的规则，使 Python 的程序代码显得更加清晰和美观。

　　总体来说，Python 语言的哲学和定位就是"简单、明确、优雅"，尽量少写代码，尽量写容易明白的代码，所以 Python 程序代码最大的特点就是看上去简单易懂。Python 超强的功能、简洁的语法、高级的数据类型、自动内存管理、健壮的虚拟机和丰富的模块库，可以极大地提高程序开发的生产力。我们在进行 Python 编程的时候，可以专注于解决问题的本身，而不用考虑编程语言和编程工具等各方面的细枝末节。在简单的环境中做一件单纯的事情，Python 使得编程成为有趣的创新活动而不是琐碎的重复劳动！

1.6 Python 的发展趋势

Hello, Python!

　　2021年10月，持续更新20多年的TIOBE编程语言排行榜发生了一个历史性的事件！各大新闻网站关于这件事的报道标题大多是"C跌落神坛，Python终登榜首"。根据TIOBE官方在10月发布的最新统计数据显示，Python以11.27%的评级排名第一位，而C和Java分别以11.16%和10.46%的评级位列榜单第二和第三位。Python语言首次超越C、C++、Java等大哥级语言，成为全球最受欢迎的编程语言。TIOBE索引榜单自创建至今的20多年间，仅有两种语言占据过TIOBE榜单第一名的位置，它们分别是C和Java语言。而这一次，Python成为第三个登上TIOBE榜首的编程语言（图1-3）！

Oct 2021	Oct 2020	Change	Programming Language	Ratings	Change
1	3	^	Python	11.27%	-0.00%
2	1	v	C	11.16%	-5.79%
3	2	v	Java	10.46%	-2.11%
4	4		C++	7.50%	+0.57%
5	5		C#	5.26%	+1.10%
6	6		Visual Basic	5.24%	+1.27%
7	7		JavaScript	2.19%	+0.05%
8	10	^	SQL	2.17%	+0.61%
9	8	v	PHP	2.10%	+0.01%
10	17	⌃⌃	Assembly language	2.06%	+0.99%
11	19	⌃⌃	Classic Visual Basic	1.83%	+1.06%
12	14	^	Go	1.28%	+0.13%

图1-3

这历史性的一幕并非突如其来。从 2018 年开始，Python 语言的市场份额就开始爆发式地增长，并在 2020 年 11 月首次打破 Java 和 C 语言长期占据榜单前两名的格局，挤下 Java 冲到了第二名的位置。自那时起，有关 Python 何时会成为排行榜第一名的猜测就没有停止过。没想到在短短的一年后，这一天就来临了。Python 终于结束了 C 语言和 Java 持续多年霸榜 TIOBE 的时代，正式接管了全球最知名的编程语言排行榜榜首的位置（图 1-4）。Python 终成 20 多年来编程语言界新的霸主，这也成为编程语言发展历史上一个重要的里程碑！

Python 在 TIOBE 榜单上历年的数据

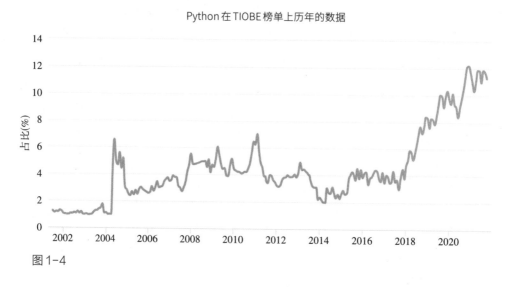

图 1-4

TIOBE 的首席执行官保罗·简森在 2021 年 10 月的榜单点评中说："20 多年来，我们第一次拥有一个新的领导者：Python 编程语言。Java 和 C 的长期霸权已经结束。Python 作为一种简单的脚本语言开始成为 Perl 的替代品，现在已经成熟。它的易学性、大量的类库以及在各种领域中的广泛使用，使其成为当今最流行的编程语言。祝贺吉多·范罗苏姆！"

不仅如此，Python 还是荣获"TIOBE 年度编程语言"称号最多的语言。自 TIOBE 榜单发布以来，Python 在历史上曾经四次获得该奖项，分别是：2007 年、2010 年、2018 年、2020 年。种种迹象表明，Python 已经成为计算机编程语言行业中继 C 和 Java 之后的第三门主流编程语言。如果 PHP 可以被戏称为"世界上最好的语言"，那么 Python 现在可以被称为"宇宙最好的编程语言"了！

为什么 Python 语言能成为第一？为什么 Python 能取得今日的成功？就如 TIOBE 的

首席执行官在致辞中所说，"它的易学性、大量的类库以及在各个领域中的广泛应用，使其成为当今最流行的编程语言"。这几点其实就是 Python 快速发展，最后成功登上编程语言榜第一名的最重要的原因。正如我们在"Python 的特点"中所介绍的，Python 作为编程语言有非常多的优点，但其中最明显的莫过于它的简单易学。它重视的是怎么处理问题而不是编程语言的语法结构，它有效地消除了普通人对于"编程"这一行为的畏难情绪，让越来越多的非专业程序员开始通过 Python 编程提高工作效率。再加上 Python 强大的工具类库，简单高效的调用和功能实现，使其在各行各业和多个领域都有出色的发挥，尤其是近年来人工智能和机器学习领域的火爆发展，更是极大地提高了 Python 语言的市场占有率。

就在 Python 成功登顶 TIOBE 排行榜的同时，Python 官方也于 2021 年 10 月正式发布了 Python 3.10 版本，带来了多项功能更新与性能优化。这些新功能包括：更准确友好的错误提示、带括号的上下文管理器、新的类型联合运算符、类型别名、函数 zip 新增 strict 参数严格模式等。自 1991 年起，Python 大约每隔 6~18 个月就会推出新的稳定发布版，在最近几年，Python 一直保持着一年一个主要版本的更新节奏。目前看来，这种趋势还将持续下去，优秀的语言，还在努力地进步着！

Python 语言自身强大的优势决定了它不可限量的发展前景。Python 作为一种通用编程语言，几乎可以在任何领域和场合应用。大量的数据表明，将 Python 作为主要开发语言的程序员数量逐年递增，Python 正在成为越来越多程序员首选的开发语言。而且当前 Python 语言已经在某些领域形成了比较明显的优势和垄断地位，这对其他语言的进入和使用造成了较大的障碍和壁垒。从人才市场的招聘数据来看，Python 工程师的岗位需求非常巨大，并且需求量还呈上升的趋势，工资水平也是水涨船高。随着软件巨头微软将 Python 语言纳入 .NET 平台，Python 将来甚至可能超越 C# 而成为微软平台快速开发的主流语言。随着人工智能、云计算、大数据、机器学习这些新时代技术的发展和应用，Python 语言在未来的发展前景也更加值得期待！

1.7 选择 Python

Hello,
Python!

　　没有任何一门计算机编程语言是十全十美的，任何一门编程语言既有长处也有短处。与历史上主流的编程语言相比，Python 显然比 C/C++语言更容易学习，比 Java 的语法更加简单清爽，比 Visual Basic 更适合跨平台，比 C#语言更开源化和自由，比 Go 语言开发效率高，比 JavaScript 和 SQL 的功能更强大，比 PHP 语言的应用范围更广……使用 Py - thon，将会减少很多学习、编写、开发和维护的麻烦。很多 C++程序员普遍觉得学习效率低、开发编程累，接触 Python 后不少都陆续转到 Python 阵营。业界经验表明，一个 Python 程序员可以在两个月内完成两个 C++程序员在一年内都不能完成的工作量。此外，在科学计算领域，学者和研究人员多年来一直使用 Matlab 语言来进行科学研究，但随着 Python 语言的 NumPy 和 SciPy 等计算工具类库的发布，Python 可以通过异常简单的编程语句完成复杂的计算，因此 Python 开始逐步成为科学计算领域的首选语言。为什么大多数程序员都会喜欢上 Python 语言？因为其他语言在实现某个功能时需要很麻烦的编程操作，而 Python 因为有大量开源工具类库的支持，通常非常直白地调用几个函数就能简便地解决问题。Python 能够让任何人快速地入门学习编程，快速地写出程序实现需要的功能。错过了 C/C++语言所代表的传统 PC 时代，又没赶上 Java 语言所代表的互联网爆发时代，千万不要再错过 Python 语言的人工智能和大数据时代！

❶ Python 的应用领域

　　计算机语言本身的性能和特点虽然重要，但一门编程语言最后能否流行和成功，真正的重点在于应用，应用才是计算机编程语言的生命。Python 语言的应用领域非常广泛，它既可以开发小型工具程序，也可以开发大型企业级应用。Python 在人工智能、数据分析、网络爬虫、机器学习、Web 开发、工具程序、游戏开发、自动化运维等多个领域都有亮眼的表现，历史上从来没有哪一门编程语言可以同时在这么多领域扎根并取得成功。

常规软件开发　Python 作为一门通用型编程语言，适合编写各种类型的常规软件和桌面程序（相对于 Web 应用程序，泛指计算机本地安装使用的应用程序）。Python 语言支持函数式编程和面向对象编程，图形用户界面的开发能力强大，使用 PyQt、PySide、wxPython、PyGTK 等框架类库，可以快速高效地开发桌面应用程序。我们所熟悉的网络文件同步工具 Dropbox、流行的 P2P 文件分享系统 Bittorrent、开源 3D 绘图软件 Blender 等应用程序都是用 Python 语言开发的。

科学计算　Python 是一门很适合数值计算和科学计算的编程语言。NASA（美国国家航空航天局）自 1997 年起就大量使用 Python 进行各种复杂的科学运算，此外 Los Alamos（洛斯·阿拉莫斯国家实验室）、Fermilab（费米实验室）、JPL（美国喷气推进实验室）等也使用 Python 来实现各种科学计算任务。Python 语言在科学计算、数据可视化方面有相当优秀的类库，比如 NumPy、SciPy、Matplotlib、pandas、Enthoughtlibrarys 等。这些类库提供了矩阵对象、标准数学库等很多高级工具接口，它们将 Python 变成一个功能强大、简单易用并且缜密严谨的科学计算工具。而且出于对运行速度的考虑，这些类库的程序代码通常都是使用 C++ 或 FORTRAN 等编译语言编写，然后集成到 Python 当中。随着众多程序类库的开发和完善，Python 语言也越来越适合科学计算，它不仅支持各种数学运算，还可以绘制高质量的 2D 和 3D 图像。与科学计算领域之前流行的商业软件 Matlab 相比，Python 不仅开源免费，而且是一门通用的程序设计语言，应用范围更广泛，有更多的程序库的支持。目前除了少量 Matlab 的高级功能，Python 已经可以在日常科研程序开发中完全替代前者了。

自动化运维　这个领域被称为"Python 语言应用的自留地"。Python 通常是操作系统管理员和运维工程师首选的编程语言。在很多操作系统里，Python 都是标准的系统组件，大多数 Linux 发行版和 Mac OS 系统都集成了 Python。Python 的标准库包含多个可用来调用操作系统功能的库，通过这些模块，程序员能够直接访问和调用 Windows 的 COM 服务、API 接口和 .NET Framework。Python 对操作系统服务强大的内置接口，使其成为编写操作系统管理工具、服务器运维自动化脚本理想的编程工具。一般来说，Python 编写的系统管理脚本，在性能、可读性、代码重用度以及扩展性等方面都优于其他脚本语言。

云计算　作为计算机和互联网之后新的技术，云计算已经成为信息时代必备的基础设施和发展趋势。在云计算领域，很多常用的云计算框架都是用 Python 开发的，包括业内最著名的解决方案 OpenStack，这也让 Python 成为从事云计算工作所需要掌握的编程语言。OpenStack 是一个开源的云计算管理平台项目，由 NASA 和 Rackspace（一家托管服务器及云计算提供商）合作研发，现在参与的人员和组织来自一百多个国家和数百个企业，如惠普、英特尔、IBM、微软等。OpenStack 为私有云和公有云提供可扩展的弹性云计算服务，这个基于 Python 开发的系统目前已经成为市场上最具影响力的主流云计算平台解决方案。

Web 开发　尽管 PHP 依然是 Web 开发领域的主导语言，但 Python 的上升势头强劲。在 Web 开发方面，Python 拥有很多免费的网页模板、免费的数据函数库、强大的第三方类库。随着 Django、Flask、TurboGears、web2py 等 Web 框架的逐渐成熟，使用 Python 可以快速开发功能强大的 Web 应用，无论是大型网站、OA 系统、Web 接口服务，都可以轻松实现，其开发速度快，学习门槛低。豆瓣网是国内最早使用 Python 开发的知名网站，坊间传说其创始人只用了 3 个月的时间，就基于 Python 语言的框架开发搭建了豆瓣社区的框架。除此以外，国内的知乎、果壳，国外知名视频网站、照片分享社交应用等平台都是用 Python 开发的。

网络爬虫　也称为"网络蜘蛛"，是互联网和大数据时代获取数据的核心工具。"网络爬虫"（简称"爬虫"）将互联网上全部的数据作为资源，通过智能化程序 7×24 小时在互联网上抓取数据，然后对采集到的数据进行针对性的自动处理。虽然很多编程语言都可以开发"爬虫"程序，但使用 Python 来编写"爬虫"程序，绝对是最简单的。Python 语言提供了很多方便开发"网络爬虫"的工具，例如自带的 urllib 库、第三方的 requests 库和"网络爬虫"框架 Scrapy，这些都让 Python 开发"爬虫"变得非常容易。一个编程"小白"用几行代码就可以写出一个"网络爬虫"，然后使用它去从互联网上获取有用的数据，不仅节省了大量的人工时间，还极大地扩展了人们获取信息和整理信息的能力。如今，Python 语言绝对是"网络爬虫"开发的主流工具，在"爬虫"领域 Python 几乎是霸主一样的存在。甚至全球最大的搜索引擎巨头都在其网络搜索系统中广泛使用 Python 语言。

数据分析　除了用"爬虫"进行数据采集，数据分析也是大数据时代的基石之一。数据可以说明很多问题，也可以为工作提供依据和支撑。数据分析就是在大量数据的基础上，使用科学计算、机器学习等方法，对原始数据进行清洗、去重、规格化，再针对需求进行针对性分析及归纳汇总。针对海量数据做数据分析并不是一件简单的事情。Python 之所以能成为当前数据分析领域的主流语言之一，正是有赖于它简洁的特性和大量数据分析的模块类库。Python 成为大量数据分析师的首选，在经济预测、金融分析、量化交易等领域得到了广泛的应用。甚至对于我们在日常工作中经常碰到的复杂的 Excel 报表，也可以用 Python 编程来分析处理，Python 可以给相关工作带来极大的便利和效率提升。

人工智能　Python 是目前公认的人工智能领域的基础语言。可以说，Python 语言能够有今天的地位，最主要的原因是它在人工智能领域的应用。Python 代码简单，编写人工智能逻辑通常用几行代码就可以实现。而且 Python 在人工智能概念范畴内的机器学习、科学计算、大数据分析、神经网络等方面也都是主流的编程语言，它得到了广泛的支持和应用，经过多年的发展后积累了丰富的工具类库。所以当人工智能时代来临之后，Python 从众多编程语言中脱颖而出。当前，各种人工智能的算法都是基于 Python 编写的，大量开源的机器学习项目都是使用 Python 编程的，与人工智能领域相关联的框架都是以 Python 作为主要语言开发的。目前，世界上最优秀、最流行的人工智能和神经网络框架，如 PyTorch、TensorFlow 以及开源社区的 Karas 库等，都是用 Python 语言实现的。可以这么说，人工智能本质上已经无法离开 Python 语言的支持了，Python 在人工智能时代头牌语言的位置基本无人可以撼动！

游戏开发　Python 语言的 PyOpenGL 库能用于二维和三维图像处理，而 PyGame 库可直接用于游戏软件的编写。有很多游戏使用 C++编写时需要高性能的图形显示等模块，再用 Python 编写游戏的逻辑代码。特别是在大型网络游戏的开发中，相比于 C++，Python 可以用更少的代码描述程序业务逻辑，因此它能够很好地控制大型游戏项目的代码规模。非常知名的游戏 *Sid Meier's Civilization*（《文明》）、大型网络游戏 EVE、暴雪公司的《魔兽世界》，都是使用 Python 语言开发的。

除此以外，Python 语言还可以使用 PIL 库进行图像处理，使用 PyRo 库进行机器人控制编程，使用 NLTK 包进行自然语言分析，等等。Python 甚至有一个 hack（"网络黑客"的称谓）的库，可以用于黑客程序的编写。相信随着 Python 语言的不断发展和影响力的逐渐扩大，Python 的应用领域会越来越多。Python 被程序员、科学家、数学家、工程师、经济学家、商业分析师、系统管理员甚至美工等各行各业的人使用，其应用领域几乎是无限的。

❷ Python 与工作

从就业的角度来说，Python 是目前程序员市场上最受欢迎、最热门的编程语言，几乎所有的互联网企业都在招聘 Python 程序员。因此，Python 程序员可从事的工作岗位、工作机会和工作内容的选择非常多，未来的发展空间也很大。Python 语言开发的职位多、需求大、晋升快。随着被 Python "垄断"的人工智能的持续火爆，Python 编程岗位的薪水水涨船高，成为目前最具涨薪潜力的编程语言之一。而且 Python 语言容易学习上手，学会 Python 后可以大幅提高程序员的专业竞争力，Python 可以有效地帮程序员找到工作，能让程序员在就业市场上更加抢手！

而对于非程序员来说，作为一名业余开发者，Python 编程可以应用到实际工作和生活中，提高工作效率和学习能力，进而提升自己的综合竞争力。比如 Python 可以帮你快速搭建自己的网站，Python 开发的"爬虫"可以帮你从网络抓取信息，Python 程序可以帮你批量处理文件和分析大批量的数据，你甚至可以开发一个自己的小游戏在朋友中炫耀一番……所有这些，不仅能帮你解决棘手的实际问题，还能帮你节省大量重复劳动的时间。

❸ Python 与学习

既然 Python 是最热门最有前途而且最简单易学的编程语言，又有很多人对 Python 感兴趣，那么到底哪些人需要和适合学习 Python 语言呢？对于那些已经熟悉其他编程语言的专业程序员，要转入 Python 是非常容易的，几乎没有任何压力。而对于刚入行或者想要加入程序员行业的人，总是会反复思考自己应该从哪种编程语言开始。基于我们上文详述 Python 的优势以及与其他语言的比较，笔者的建议是绝对应该首选 Python 语言！除此以外，对于大量从事其他工作的非程序员，如在业务中接触到 Python 的流程，在工作中有一些办公自动化或数据分析需求的职场人士，还有所有想为自己积攒工作技能的学生，甚至随着时代进步想进一步接触编程世界的中老年人，"平易近人"且功能强大的Python 必须是你的第一选择！

那么，对于大多数刚开始学习 Python 的人来说，是否需要其他编程基础呢？这是很多编程初学者经常询问的问题。一般来说，在计算机领域的基础知识越好，对学习任何一门编程语言来说都是越有利的。但如果你在编程语言方面属于零基础，甚至没有任何丰富的计算机行业知识，那么没有比 Python 更加适合作为入门的编程语言了！任何编程语言的入门，都有一个开始的过程，任何无基础的人都不用过于担心。Python 语言最大的优势之一就是对零编程基础的"小白"非常友好，语法简单明了且容易上手，类似强制缩进等格式要求，还能够培养编程初学者良好的编程习惯。在编程入门中学习 Python，可以让初学者专注于更重要的编程技能，例如问题分解与数据类型设计。而且 Python 还拥有一个强大的标准库，在学习编程的早期阶段就能处理一些实用的编程项目。初学者可以在学习 Python 基础知识的同时开发真正的应用，从而获得学习编程的满足感和巨大回报。

当前，大量的高等院校已经开始使用 Python 作为软件专业大学生，甚至是非软件专业学生的入门编程语言。Python 已经取代了 Java，成为美国大学新生中最受欢迎的编程语言。在我国，教育部考试中心自 2018 年起就在全国计算机等级考试中加入了"Python 语言程序设计"科目。Python 甚至已经进入部分省市小学的课堂，学习 Python 从小学生开始。在我们身边，大量针对儿童的编程培训班，学习的大都是 Python 课程。Python 是未来的语言，是人工智能的语言，是机器的语言。我们每一个人，都不要因为忽视或错过学习一门如此受欢迎的语言，而在信息社会再次落后于人。

❹　"人生苦短，我用 Python"

Python 绝对是近年来最火的编程语言，没有之一！它确实已经成为了编程语言界的"网红"。Python 是时代的语言，Python 站在了人工智能和大数据时代的风口上。作为程序员，不管你之前擅长的是什么编程语言，现在都要学习 Python。因为程序员总要不断地学习新的技术，否则就会被时代淘汰。而且 Python 这把火已经烧到了程序员的圈子之外，不仅是专业编程人员，还有大量的职场人士、做研究的大学生，甚至上培训班的小学生，都纷纷加入了学习 Python 的大军。无论你是想进入人工智能、机器学习、大数据还是网站开发这些行业，Python 都为你开启了无限可能！

Python 语言不仅具有超高人气，它还是最容易掌握和应用的计算机语言。Python 是一门简单而强大的编程语言，它专注于如何解决问题，它拥有自由开放的社区环境，它具备丰富的类库模块，"网络爬虫"框架、科学计算框架、Web 开发框架、数据分析框架、人工智能和机器学习框架应有尽有。用 Python 编程，大部分功能都不用自己从零开发，直接使用现成的模块即可。用程序员的俗话来说，就是无须浪费时间去造轮子，你想做的功能模块都已经有人写好了，你只需要导入和调用。Python 就像一部功能强大的智能手机，想使用任何功能去做任何事，只需要到应用市场中找出别人写好的 APP 安装使用就行了。

关于 Python，有两句耳熟能详的话，"Life is short, use Python"（人生苦短，我用Python），"Life's pathetic, let's pythonic"（人生苦短，Python 是岸）。这两句话都来自"Python 之父"吉多曾经穿过的 T 恤上的文字，现在被 Python 业界广泛地使用和传播，它们已经成了 Python 语言的广告词了。

第**2**章

Python
编程的思维
和理念

2.1 为什么不按套路先讲 Python 的语法

Hello,
Python!

这里有一个老套的惯例和貌似约定俗成的现象：几乎所有的 Python 编程书，甚至大多数计算机程序设计语言的书，在介绍完编程语言的历史和特点后，都无一例外地开始讲解语法！这似乎形成了一种标准的模式，甚至没有人去深究这样做到底对不对。但对于所有初学编程的人来说，应该都有共同的体会，就是一到讲语法的环节就觉得看不进去这些书了。所以这一节我们先来简单探讨下这到底是为什么，一门语言是否应该按照这种枯燥的模式来学习。

既然编程语言也是一门语言，那么我们先来回顾一下儿童学习语言的过程。我们每个人从小是如何学会说话的呢？首先是爸爸妈妈每天跟孩子说话，不管孩子听不听得懂，反复听大人说话，孩子就会慢慢明白每个字的意思，然后学着大人说话，从简单的词语逐渐到复杂的句子，最后可以流利地说话和交流。直到孩子完全学会说话，他都没有接触到语法，也不可能有人从语法开始教自己的孩子说话。然后孩子继续长大，开始上学之后，需要进一步学习知识的时候，再跟着老师系统地学习语文，才开始学习语言的语法和结构等。简单总结来说，学习人类的语言，是先学会说学会用，然后通过学习语法来提高和升华。

上面的过程是儿童学习母语的情况，但编程语言不算母语。那人们学习外语的时候又是怎样的呢？没错，传统学习外语的过程一般就是从语法开始的。绝大多数学习英语的书，都是从单词和语法开始，然后再接触语句和文章的，这个过程跟传统编程图书的学习思路是基本一致的。也就是说传统编程语言的图书和学习方法，其实就是借鉴了传统学习外语的方法。但我们在学习外语的过程中，是不是也有这样深刻的体会：从小学初中到大学，学了十几年的外语，通过了无数的考试，但感觉还是没有完全学精通，特别是在实际生活中要跟外国人交流的时候，听说方面还是有比较大的困难。反而是有些到国外学习和生活的人，哪怕他之前没有外语基础，在跟当地人的接触和交流过程中，可能几个月就熟练地掌握了外语。这可能就是传统外语学习方法跟实际语言的应用脱节的原因。

我们再举个外语应用的简单例子来说明：你跟一个完全不会英语的朋友一起出国旅游，有一天他想自己去商店买点东西，但是语言不通，不知道该怎么询问价格。这个时候你需要简单教他点英语的应用，你会怎么办呢？肯定不会从语法讲起，而是直接告诉他询问价格该怎么说"How much?"这样店员就知道什么意思了。在这个朋友初次接触英语的过程中，你不会单独告诉他"how"和"much"这两个单词的意义和用法，也不会给他讲解"how much"这个组合的语法结构。等他以后熟悉和需要深入使用英语的时候，才有必要回过头认真学习单词和语法等。所有的语言都是这样，核心是如何解决问题，而不是语言本身的语法。对于初衷就是被设计用来解决实际问题的计算机编程语言，也是这样。对于以简单易学著称的Python语言的学习，就更应该这样。

就像学习人类语言自然而正确的方法一样，我们在本书中，不按传统编程图书的套路模式先讲语法、变量、数据类型等内容。本书的重点，是把程序设计和Python编程的思想传递给读者，是把Python使用和开发的方法教授给大家，是要落脚到Python语言的实践和应用。在大家掌握了Python开发的基本方法和步骤，甚至已经能够开发出基础的应用程序之后，我们再通过系统的语法学习来细化和提高编程知识。

在实际上手Python开发的安装和使用之前，我们先来学习计算机编程的思维和理念，以及这些编程思维在Python语言中的应用。对于任何程序员来说，学会正确的编程思维，比掌握一门语言的语法要重要得多！编程的思维是通用的，而编程的语法每门语言各不相同。就像我们说话，先要学会说话的方法，不同国家的语言只是单词和语法不同。没有正确的编程思维，学习任何编程语言和程序开发都困难重重。而具备了正确高效的编程思维的程序员，去学习和掌握任何一门编程语言都手到擒来。对于程序开发来说，不同的语言只是程序代码的表达方式不同，其背后解决问题和实现程序功能的思维及方法都是一致的。

具体到Python语言，正如我们上文所介绍的，它的特点就是语法简单高效，它的出发点就是程序员无须特别关心编程语言本身的语法和格式，可以把更多的精力聚焦到程序的实现逻辑和解决问题的方法上。所以对于Python语言的学习，相对别的编程语言，就更应该减少对语言本身语法等内容的学习时间，更多地去关注Python编程开发的思路。因此，我们根据Python语言自身的特点和优势，在本书中先学习Python编程的思维，重点是学会如何编写Python代码、调试程序、查找程序错误，掌握Python案例实现、项目实施、程序发布和代码维护的方法理念。对于熟悉计算机程序开发流程的专业程序员，或者对编程思维已经有深刻理解的读者，也可以跳过这一章，直接从第3章继续。

2.2 计算机软件开发的思维

Hello,
Python!

　　所谓软件开发，就是根据软件功能需求，使用合适的编程语言和开发工具，针对特定的系统平台，编写出能实现算法的程序代码，经测试运行和调试能满足功能要求，最后交付给用户的整个过程。简单来说，软件开发的核心就是根据用户需求编写程序的行为。它是一项包括需求获取、功能分析、开发规划、算法设计、编程实现、测试调试、版本控制、后期维护等活动的系统工程。

　　虽然我们通常把编程开发的程序通称为"计算机软件"，但现代的软件并不单单指运行在传统电脑上的程序，其他运行在各种型号的手机、平板电脑、智能手表、智能电视、移动终端、互联网服务器、云终端、单片机、机器人、工业控制等设备上的程序，任何通过编程语言和工具开发出来运行在机器上的程序，都属于软件开发的范畴。

　　我们进行软件开发的时候，首先要建立软件开发的思维。所谓软件开发的思维，就是要基于软件开发的全过程考虑问题，比如首先必须从软件功能需求出发，而不是连需求都没有搞清楚就直接开始编写代码。实际场景中确实有很多没有经验的程序员拿到项目就直接开始写代码，但因为没有对需求进行具体分析和整体功能规划，造成写出来的程序算法不正确或结构不合理，自以为开发的速度快，结果反而耽搁了进度。所以在软件开发中最基础最重要的思维就是，软件开发的核心是如何实现功能需求，程序逻辑和算法才是重点，程序代码只是逻辑算法的表现形式，编写代码只是实现功能的最终步骤。想好怎么写，永远比写得快更重要！

　　如果参考人类语言的使用，也是一样的道理。我们在使用人类语言来表达思想和解决问题的时候，比如要发表一篇演说或者写一篇文章，如果没有经过思考准备，张口就来或者提笔就写，一般来说是无法完成一段精彩的演讲或者一篇完整的文章的。通常我们会怎么做呢？先思考演讲或文章的主题，然后拟出内容的提纲，再具体落笔完成内容，最后还得检查和润色。这就是我们使用人类语言的思维方式，其实编程语言的使用方式与之有惊人的相似。我们进行软件开发的过程，其实也需要这种思维，先想好再具体写，因为任何语言都是相通的，只是语言表达的对象，从人换成了机器。

在实际的软件开发环境中，我们通常把软件开发的全过程划分为计划、分析、设计、编码、测试、交付、维护等多个阶段。每个阶段都是整个软件开发流程的重要组成部分，各个阶段之间也相辅相成，还可能会交替进行。但每个阶段的划分并没有统一的标准，也并不是一成不变的，不同的项目、不同的开发团队和开发人员都有自己的特点，完全可以根据自己的习惯来安排开发流程，只需要掌握软件开发全过程的思维方式即可。

我们来看一个软件开发的例子：大家在工作中经常需要统计各单位的工作业绩，业绩包含多项指标，每个指标设置不同权重，需要录入到软件中，通过软件计算统计出各单位的总分以及排名。另外学校也经常需要统计各个同学的学习成绩排名，指标包含多个科目的分数以及各科目的指标权重。如果要开发这个软件项目，我们需要如何着手呢？首先就是收集软件使用人的功能需求，然后对需求进行分析，再与用户反复沟通确认。这个环节非常重要，没有经过充分沟通的需求，在开发过程中就一定会发生变化。在功能确定之后，就可以着手规划程序架构和模块，设计各功能模块的实现算法。做好了前面这些工作，才能对整个软件开发工作有一个清晰的认识和计划。接着就可以进入实际代码编写阶段，事实上在做好前期规划和算法设计的情况下，编写实现代码的时间并不需要太多。写好代码之后，就可以开始功能测试了，没有经过测试的软件是没有实用价值的，测试阶段花费的时间可能远远超过前期编写代码的时间。在软件测试过程中，必然会发现问题，除非是只有几句代码的小程序，否则程序代码一次性编写完成而没有问题的可能性几乎为零。一旦发现问题就需要进行程序调试，查找问题原因并修正问题。在测试的过程中用户也需要参与，经过测试后软件的功能可能还需要做出调整。最终经过大量的测试和修复，软件达到可以交付的标准。交付阶段需要出具软件使用手册、版本更新日志等文档。在软件正式上线使用之后，就进入后期维护升级阶段，针对正式运行过程中的情况，需要用户自己或者开发维护人员跟进处理使用过程中的问题，修复新出现的程序漏洞，根据用户需求进行功能升级和二次开发等。

2.3 Python 代码编写的思维

代码编写本质上是实现程序架构和功能算法的过程，是将人类的想法转化为机器运算的过程。编写代码，是程序员开发软件最直观的体现，程序员之所以被称为"码农"，就是因为其主要工作是编写程序代码。因此代码编写是程序开发中最重要的阶段之一，是编程思想得以实现的主要途径，是程序代码的生产车间，是软件质量好坏的决定环节。

在进行正式的软件代码编写之前，每个程序员都需要经历编程学习阶段，阅读本书的读者也不例外。我们在学习编程的过程中，一定要多动手，要亲自书写代码。很多人在学习的时候看书看视频，觉得很简单，道理都明白，等到自己真正要开发软件的时候却不知道如何下手，原因就是动手实践少。我们应该从学习编程开始，就养成亲自动手写代码的习惯，特别是最初的阶段。程序代码很简单，可能一段程序只有一两句话，但即使再简单都一定要自己敲键盘输入一遍。还要注意最好不要复制、粘贴代码，而是自己逐个字符地打出来。因为很多东西都是看起来没问题，但自己真正写的时候就会出问题。只有自己亲自体验一遍才会去思考代码为什么会这样写，每一行代码每一个关键词到底起的是什么作用，这样才能真正理解和学会编程的真本领。

我们学习外语，除了在学的过程中"听"和"看"，最重要的是学会如何"说"和"写"，只有"能说会写"了，才算真正学会了这门语言，否则永远都是"哑巴外语"。另外我们在使用人类语言的时候，良好的思维习惯会方便我们与人沟通并提高沟通的效率：一是简单清晰，尽量用简单的语言把问题说清楚；二是要用标准的语法和规范的词语，不能在说话和写文章的时候全是文字错误，或是混乱的格式让人看不懂；三是长篇大论的文章需要划分章节，不能几十万字的书一个段落写下来，那会让人没办法看明白；四是无论说话还是写文章，都要懂礼貌讲文明，不能说脏话也不能用粗俗的文字。

学习计算机编程语言的道理也基本相同，在实际代码编写的过程中，也有一些经过大量经验总结提炼出的编程思维方式：

其一，不论实现什么功能，都尽量用简单的方法去实现。尽量用简洁的语句去书写代码，有简单的方法就不要用复杂的方法。把代码写得复杂并不能体现程序员的水平，大道至简，能用简单的方法实现复杂的功能才是真正的"大神"。

其二，代码和语法的格式一定要规范，一定要用标准的写法，一定要保证代码格式的清晰。不要用标新立异的写法来标榜自己的高深，不要试图用混乱的格式来故意让人看不懂代码，这样只会增加自己后期修改维护代码的难度。养成良好的编程习惯，让自己编写的代码具备良好的可读性，这是作为一个程序员的基本素养。

其三，一定要给代码添加注释。注释就是对程序代码的解释和说明，注释的目的是让自己和他人能够更加轻松地阅读代码。编程代码因为其特殊的简洁性，而且涉及数学和逻辑运算，涉及函数和模块调用等，所以为功能代码添加注释说明是必需的。

其四，不要编写重复和冗余的代码。相同功能的代码尽量能重复使用，在编程的任何时候都要具备模块化开发的思维，避免重复性的开发工作。善用面向对象的编程思想，特别是开发大型程序项目的时候，尽量将复杂的功能分解成若干个基本单位和对象模块。

其五，在编程过程中要善于利用工具。这里的工具既包括我们编写和测试代码需要的工具软件，也包括别的程序员已开发好的功能模块包。编程工具软件能帮助我们更快捷高效地书写代码和检查代码错误，而现成的功能模块能让我们站在别人的肩上，大大减少开发的时间。

对于Python来说，它包括简单而严格的格式、丰富的工具类库等，所以Python语言本身就是按照科学的编程思维来设计和开发的。我们在编写Python程序代码的过程中，更应该严格遵循这些编程的思维和规范，发挥Python的特长和优势。总之，代码编写是程序功能和算法的体现，优秀的代码才能最终实现优秀的思想。混乱的代码就像一个语无伦次的人，是无论如何也无法正确表达出自己的想法和观点的。

2.4 Python 程序调试的思维

对于一个正常规模的应用程序，想要一次编写就能完全没有错误地运行，无异于天方夜谭。任何程序在编写完成后都需要进行测试，需要验证功能并查找测试过程中所发现的问题，在修复所有错误后使程序达到可以交付的状态，这个过程通常被称为"调试"。无论是谁开发的软件，总有这样那样的问题，就算是全世界最厉害的软件公司如微软、苹果出品的软件系统，也需要持续不断地修复更新。所以，程序运行出现各种各样的问题都是很正常的，这些问题中有些是很简单的语法错误，有些是不太明显的逻辑问题；就算看起来运行正常，也有可能没有按照我们设计的流程执行，或是没有输出我们期望的结果。因此我们需要一套行之有效的手段来查找和修复错误，这就是程序调试。调试的目的就是验证程序的运行是否符合设计要求，调试的过程实际上就是测试、发现、定位和解决问题的过程。

程序调试在英文中写作 debug，debug 就是计算机排除故障的意思。这个特殊的英文单词，还有一段有意思的来历：在计算机行业发展的早期，当时的"古董计算机"都是非常大型的设备，一台计算机甚至可以占满几间屋子。当计算机发生故障的时候，程序员打开设备维修，看到飞蛾卡在设备中间造成了计算机运行的问题，在清除飞蛾后故障就排除了。于是当时的工程师就把计算机的故障称为"bug"（英文本意是虫子），把排除计算机故障叫作"debug"。后来 bug 这个单词就有了程序故障的意思，debug 这个奇怪的词语也逐渐成为了计算机行业中排除故障的专业名词。

我们再从人类语言使用的例子来理解一下调试的意义：当我们使用新学习的外语跟别人沟通，别人根本听不懂我们所说的词语，或者看不懂我们所写的文字时，首先就要检查我们的发音或者单词是否正确，这就像是语言的语法错误；当我们跟别人说了一件事情，别人貌似听懂了，但是做出的反应并不是我们想要的结果，这就有可能是我们说出了正确的语法和单词，但是表达错了意思；当我们写了一大篇论文来证明一个道理，最后却没有论证出我们想要的结论，这个时候我们可能需要将这篇论文分成几个小的部分，分别查看每个部分的论证是否正确，看看导致最后结论错误的问题到底是由哪个部分造成的。上面的例子，就可以理解为我们使用人类语言时的调试过程。

我们在程序开发的过程中碰到的问题可能五花八门，因此，程序调试的方法也有很多种。我们要根据不同的问题选用合适的调试方法，这些调试方法包括：打印输出、日志记录、设置断点（让程序暂停执行）、单步执行、开发调试工具等。具体在 Python 编程中如何使用这些调试方法，我们将在后文中详细介绍。但不论使用哪种调试方法，都应该掌握一些程序调试的原则和思维方式：

其一，要善用编程语言的错误提示信息。这些信息能明确提示代码的语法错误，并且能准确地标注出错误发生在哪一行，仔细查看错误描述，修复语法错误基本就没有问题了。

其二，碰到程序运行问题要学会多思考。除了表面的语法错误，更多的逻辑错误需要我们多从程序算法和逻辑的角度去梳理和思考，从代码执行流程中找出问题到底出在哪里。

其三，程序报错的地方可能不止一个问题，修复一个错误之后，可能还存在别的错误。修复问题后还要继续测试，因为修复一个存在的错误，同时又可能会引入新的错误。

其四，程序运行的问题不一定是代码编写的错误，也可能是算法设计的问题。执行程序没有达到设计的要求，也可能需要返回程序的设计阶段，去检查、优化和修改程序算法。

其五，调试程序要注意举一反三。在程序中出现一处代码错误，可能整个程序中其他类似的代码写法也存在相同的错误，需要运用系统的思维，一次性解决相同的错误类型。

其六，对于大型的程序要运用分段调试的方法。针对全局性的问题，需要把程序分成多个部分分段查找问题，逐一确保各个模块分别调试通过，查找并锁定问题所在的代码段。

其七，调试工具软件是调试的辅助手段，但并不能代替我们的逻辑思考。我们不要完全依赖调试工具，应该借助工具所提供的信息和手段，帮助我们梳理程序执行逻辑和运行状态，最终靠自己的思考判断来解决问题。

调试是软件开发流程中必不可少的环节，也是非常重要的步骤之一，是每个程序员必须要掌握的基本技能。软件行业的相关统计显示：大型软件企业中程序调试的工作量是代码编写工作量的 1.5 倍，一个程序员基本上 80% 的工作时间都在调试程序。因此我们即便是作为编程的初学者也要勇于动手尝试，不要害怕写错代码，错误是编程过程中必然会出现的现象。我们完全可以抱着平常的心态面对任何的程序错误，因为任何级别的程序员除了编写代码以外，大部分时间都在调试程序和修复错误。只要开始学习编写程序，调试就始终伴随着每一位程序员。调试水平的高低，也反映了程序员水平的高低。

2.5 Python 程序发布的思维

Hello,
Python!

　　程序发布是指在完成软件编码和调试之后，将达到功能要求的软件提交给用户使用的过程。通常情况下，软件发布需要向用户提交程序安装包、可执行文件、数据库、软件安装指南、软件使用手册、软件测试报告等。对于提供在线服务的软件系统，可能只需要提供登录和测试账号及系统操作手册即可。

　　对于通过 Python 语言开发的程序，由于 Python 程序的运行本身依赖于 Python 解释器，如果用户的电脑具备相同的 Python 环境，那么直接将 Python 源代码文件发给用户就可以成功运行。但我们为了适配不同用户电脑的多样性环境，也为了方便用户的使用，通常在 Python 程序发布时将其打包为以下三种形式：无须安装就可以直接运行的可执行程序，比如 Windows 系统中的 exe 文件；可以通过指令安装的安装包；带有安装向导界面的程序安装包。

　　我们又通过人类语言的使用来举例说明：如果一位作者经过自己辛苦的写作终于完成了一部优秀的书稿，写完之后作者经过反复的阅读检查修改，确认整部书稿已经结构清晰内容完整了，现在需要做的是交给读者去阅读，那么这时候可能有哪几种发布的方式呢？如果作者是用电脑上的 Word 文档编辑程序输入和编辑的，那么可以将这个 Word 文件直接发给读者。如果读者的电脑上也安装有读取和显示 Word 文档的环境，就可以直接打开和阅读了。当然在个别情况下，有些电脑上可能确实没有安装可以打开 Word 文档的软件，而且绝大多数作者出于对版权的考虑，通常是不会将自己书稿的电子版文档直接发给读者的。第二种方式就是作者将这本书直接打印出来，形成纸质版的文档，这样交给读者，读者无须通过电脑程序，直接就可以阅读了，这就像我们开发软件时提供给用户的可执行程序。当然，更加规范的模式，就是作者将写好的书稿交给出版社，出版社经过正规的编辑出版发行，这样读者通过购买图书，就可以优雅地阅读了，这个过程就好像我们为软件发布而生成的正式安装包。

　　在发布程序的过程中，我们也要遵循一些思维方式：

其一，我们倡导软件开源共享，如果没有商业限制就尽量向用户分享源代码。但这并不是硬性的要求，而且对于部分并不熟悉计算机编程知识的用户，拿到程序源代码反而会造成困惑。

其二，尽量生成可以直接运行的可执行程序，而不要去制作带向导界面的安装包。Python 倡导简洁就是高效，能够直接运行就不要增加一个安装的过程，而且这样也可以减少因软件安装造成的系统垃圾文件。

其三，尽可能详细地制作软件使用指南。虽然初期感觉增加了发布程序的工作量，但当实际的项目发布给客户后，软件使用指南会极大减少后期解释和维护的工作量，反而会减少大量的工作时间。

其四，发布程序时要注意程序运行所需要的库文件、数据库、资源文件，要保证用户的运行环境具备需要的资源，以免用户使用程序时出现缺少资源等问题。

其五，要对程序进行合理的版本管理。版本管理设置既要方便用户理解，也要方便程序开发的版本控制。一定要详细记录软件的更新日志，表面上这些更新日志是提供给客户阅读的，其实更重要的是开发者自己的工作日志。

2.6 Python 程序维护的理念

程序维护是指在软件发布之后，针对程序运行的故障或错误进行修复，或者对软件部分功能进行修改和升级的阶段，它是软件生命周期的最后一个阶段。没有任何软件是完美无缺的，也没有哪一款商业软件能在整个运行和升级过程中完全不出现任何错误。所以程序的维护阶段不仅非常重要，而且是软件生命周期中持续时间最长的阶段。对于大型的软件系统，后期维护的工作量还特别大，用于软件维护的工作时长和成本投入，甚至远远超过软件开发阶段。

程序维护一般包含：首先是处理软件运行过程中的故障，修复程序运行的错误或漏洞；其次是做好软件日常运行的状态监控，做好日志的记录和分析，在有需要的情况下定期出具软件的运行统计报告；再次是根据用户的需求，对软件程序进行修改和二次开发，用以提升软件性能或者扩充软件功能。另外，对客户的软件使用人员进行培训、响应客户的技术问题咨询等工作，也可以归为程序维护的范畴。

我们还是用人类语言的使用来举例：在一本著作出版发行之后，作者首先得监控这本书的实际销售情况，调查读者群体样本，收集读后感等反馈信息。然后，热心读者可能会帮助作者发现极个别的文字校对错误，或者帮忙指出文章中存在的一些不足之处。另外作者可能在书稿出版后又有了一些新的想法和认识，想对内容进行修改补充和完善。所有这些问题，都需要经过作者和出版社对原版进行修改和订正，针对有需要的读者发行修订版，这个过程就可以理解为程序发布之后的维护阶段。

我们在程序维护的阶段，也有一些注意事项：程序维护工作不是在软件发布之后才开始进行的，而是在软件开发阶段就要为程序后期维护打下基础。在开发阶段就要提高程序的可维护性，优秀的代码编写、规范的注释和日志记录、充分的功能测试、完善的使用手册等，都能为后期维护降低很大的工作难度。在进行软件开发规划和预算的时候，一定要安排和预留程序维护阶段的工作量及其成本，千万不要以为程序开发完交付之后就大功告成，大型软件系统在上线之后更多的工作量都在后期维护阶段。在维护阶段进行程序修改和更新时，一定要做好版本控制，首先做好旧版本的备份，不要出现更新版本之后发现问题又无法回滚旧版本的情况。修复已有的程序漏洞，极有可能引入新的程序漏洞，所以，在修复程序问题发布新版本之前，一定要像最初版本发布之前一样，做好完善的测试和调试工作。修改升级部分功能模块或者开发新的功能时，一定要对整个软件系统进行全程测试，而不能局限于被修改的模块。

## 第 3 章

Python 开发
环境搭建

3.1 Python 的种类和版本

在下载安装开发环境之前，我们先来简单介绍下 Python 的种类和版本。Python 发展了几十年，又广泛应用于各大系统平台和行业领域，所以是一个拥有很多成员的"大家庭"。但大家也不用担心，各种 Python 的种类和版本只需要简单了解，初学者上手使用的，都是官方发布的标准版本。

因为 Python 是一种解释型语言，所以我们编写的 Python 程序代码，都需要 Python 解释器解释和执行。Python 解释器存在多种不同的实现方式，根据其实现方式的不同，就存在不同的 Python 种类：

CPython　使用 C 语言编写实现的 Python 解释器。这是 Python 的官方版本，也是使用最为广泛的 Python 解释器。这个版本只提供了标准库，第三方库需要自己用指令安装。Python 官方致力于将 CPython 打造为 Python 最具广泛兼容性与标准化的实现方案，Python 语言最新的特性通常也在这个版本中率先添加。

PyPy　使用 Python 语言自身编写实现的 Python 解释器。PyPy 采用了 JIT 技术（Just-In-Time Compiler，即时编译器），JIT 编译器将 Python 代码直接编译成机器码。PyPy 是 Python 的快速实现，在大多数情况下，PyPy 相对 CPython 的代码执行速度和性能都有非常显著的提升。但目前并不是所有的库都能完美地运行在 PyPy 编译器上。

Jython　用 Java 语言编写并运行在 Java 平台上的 Python 解释器。Jython 将 Python 代码动态编译成 Java 字节码，然后在 JVM（Java 虚拟机）上运行。通过在 JVM 上运行 Python，开发人员也能够使用和享受 Java 语言庞大的类库与框架生态系统。

IronPython　与 Jython 类似，IronPython 是 Python 的 C#实现，是运行在微软.NET 平台上的 Python 解释器。IronPython 将 Python 代码编译成 C#字节码，然后在.NET Framework 的虚拟机 CLR（通用语言运行库）上运行。开发人员可以通过 IronPython 使用微软.NET 平台的所有类库和框架。

虽然 Python 的解释器有多个种类，但使用最广泛的还是官方的 CPython。我们也建议初学者都使用CPython版本，即便是需要和Java或.NET平台进行交互，也可以使用网络接口调用的方式。在默认没有特殊说明的情况下，本书后续讲解的所有案例和代码，都是在CPython下执行的。

除了官方发布的标准版本，为了满足一些特定应用的需要，Python在市场上还存在一些由第三方重新封装CPython之后发行的版本。这些重新打包的发行版本通常包含更多的模块库，但它们并不是由Python官方团队来维护和支持的。这里对其中两个比较流行的发行版进行简单介绍：

Anaconda　源自Anaconda公司，它的设计目标是服务那些需要由商业供应商提供支持且具备企业支持服务的Python开发者。Anaconda主要应用于科学计算及研究，大型数据集的数据管理、分析和可视化。Anaconda自动集成了很多商业与科学研究场景中常用的第三方库，如SciPy、NumPy和Numba等，同时通过一套软件包管理系统提供快捷安装更多库的功能。在安装Anaconda之后，其桌面应用程序Anaconda Navigator能帮助开发人员使用Anaconda的各项功能。对比Python官方发行版，Anaconda的使用流程更为简便。但由于Anaconda集成了大量的工具库，因此Anaconda的安装文件要比官方版本CPython的大得多。

ActivePython　由ActiveState公司发布和维护，ActivePython主要面向企业用户与数据科学家。ActivePython的发行版包含了一个Python官方版本内核和大部分科学计算、数据分析和数据可视化模块，包括Numpy、pandas、Scipy、Tensorflow等许多流行的第三方库。ActivePython号称"比Anaconda具有更高的灵活性、更少的麻烦和更低的成本"。

最后，关于Python语言2.x和3.x版本选择的问题，就如我们在介绍Python发展历史中所述，Python官方推荐的版本就是3.x，而且官方已经结束了对Python 2.x的支持和维护。对于初学者来说，肯定选新不选旧，Python 3.x拥有更多更好的功能特性并且越来越普及，所以没有任何理由不选择3.x。除非你所在的组织原有的Python项目或需要使用的第三方模块是基于2.x的，并且尚未升级移植到Python 3.x，否则我们都应该选择最新的3.x版本。在必须使用Python 2.x的情况下，请务必选择最后一个官方发布的2.7版本。

3.2 Python 的资源和下载

Hello,
Python!

Python 的官方网站地址是 https://www.python.org。任何人都可以自由地从 Python 官方以源代码或二进制的形式获取 Python 解释器及其标准扩展库，并可以自由地分发。此站点同时也提供了大量的第三方 Python 模块、程序和工具及其附加文档。除了 Python 官方解释器，通过 Python 官方网站还能查看和下载 Python 的新闻资讯以及大量的相关文档。我们在学习和使用 Python 进行开发的时候，如果遇到问题和困难，当然可以通过搜索引擎查找解决方法，但针对大多数的技术问题和细节的解释，没有什么比 Python 官方文档说得更清楚的了。虽然这些官方网站的资料大部分都是英文的，但即便不熟悉英文的人也不用对官方文档感到害怕。编程语言的思路是全世界共通的，只要熟悉了一些 Python 的基本常识，再加上仔细和耐心，编程开发方面的英文资料基本都能读懂。而且，官方网站上 Python 最新版本的标准文档，提供了多种语言的版本，其中就包含简体中文版。以下罗列了 Python 官方网站上可以查阅和下载的主要资源及其网址：

Python 官方版本下载：https://www.python.org/downloads

Python 官方文档：https://www.python.org/doc

Python 社区：https://www.python.org/community

Python 成功案例：https://www.python.org/success-stories

Python 新闻资讯：https://www.python.org/blogs

Python 活动：https://www.python.org/events

Python 应用：https://www.python.org/about/apps

Python 入门：https://www.python.org/about/gettingstarted

Python 帮助：https://www.python.org/about/help

Python 3 最新版本文档：https://docs.python.org/3

Python 教程：https://docs.python.org/3/tutorial

Python 常见问题：https://docs.python.org/3/faq

Python音视频材料：https://www.python.org/doc/av

Python开发者指南：https://devguide.python.org

你甚至可以在Python官方网站上找工作：https://www.python.org/jobs。

　　如果要进行Python语言编程，要书写Python的代码，最简单的方式甚至不用在自己的电脑上安装开发环境，通过浏览器网页的在线方式就可以编写代码：在Python的官方网站首页点击按钮"Launch Interactive Shell"（图3-1），就可以进入在线编程，在网页中输入代码就可以查看运行结果。

图3-1

　　使用著名的Web交互式笔记应用Jupyter Notebook，也可以在网页中直接编写和运行Python代码，Jupyter Notebook支持运行40多种编程语言。此外，在网络搜索引擎中搜索"Python在线编程"或"Python在线工具"，也可以找到各种在线编程网站。

　　但初学Python时，一般情况下还是建议下载和安装原生的Python版本，体验纯正和完整的Python编程过程。要下载官方版本的Python，我们可以在Python官方网站的首页点击"Downloads"文字链接（图3-2），或者直接访问下载页面的地址：https://www.python.org/downloads。

图3-2

　　进入官网下载页面后，默认显示Windows平台最新版本安装包的下载链接。直接点击"Download Python 3.x.x"按钮即可开始下载（图3-3），默认的Windows安装包文件只有几十MB的大小，很快就能下载完成。

图3-3

　　在官网下载页面的下方，还罗列显示了Python各个主要版本的信息和下载链接（图3-4）。如果你不想使用最新版，也可以选择下载其他版本的Python安装包。本书的程序代码和案例，默认情况下都是基于最新的Python 3.x版本。

Active Python Releases

For more information visit the Python Developer's Guide.

Python version	Maintenance status	First released	End of support	Release schedule
3.10	bugfix	2021-10-04	2026-10	PEP 619
3.9	bugfix	2020-10-05	2025-10	PEP 596
3.8	security	2019-10-14	2024-10	PEP 569
3.7	security	2018-06-27	2023-06-27	PEP 537
3.6	security	2016-12-23	2021-12-23	PEP 494
2.7	end-of-life	2010-07-03	2020-01-01	PEP 373

Looking for a specific release?

Python releases by version number:

Release version	Release date		Click for more
Python 3.10.0	Oct. 4, 2021	⬇ Download	Release Notes
Python 3.7.12	Sept. 4, 2021	⬇ Download	Release Notes
Python 3.6.15	Sept. 4, 2021	⬇ Download	Release Notes
Python 3.9.7	Aug. 30, 2021	⬇ Download	Release Notes
Python 3.8.12	Aug. 30, 2021	⬇ Download	Release Notes
Python 3.9.6	June 28, 2021	⬇ Download	Release Notes
Python 3.8.11	June 28, 2021	⬇ Download	Release Notes
Python 3.7.11	June 28, 2021	⬇ Download	Release Notes

View older releases

图3-4

除了 Windows 平台，Python 官方也提供了其他各个不同平台的 Python 安装包。以下是各平台版本的下载页面地址：

Mac OS 平台：https://www.python.org/downloads/macos

Linux/UNIX 平台：https://www.python.org/downloads/source

Windows 平台：https://www.python.org/downloads/windows

其他平台：https://www.python.org/download/other

在各平台的下载页面中，Python 官方提供了丰富的版本选择和各种不同形式的安装包，这里我们对页面上一些主要术语的含义作简要说明：

Stable Releases　稳定发行版。

Pre-releases　预览测试版。

32-bit 或 x86　针对 32 位操作系统的版本。

64-bit 或 x86-64　针对 64 位操作系统的版本。

embeddable package 或 embeddable zip file　嵌入式发行版，是一个包含最小 Python 环境的压缩包，它被用来集成到另一个应用程序中。

installer 或 executable installer　安装版或 exe 可执行文件安装版，这是内含所有组件的完整安装包，我们使用 Python 进行项目开发时，通常都选择这个版本。

web-based installer　基于网络的安装版，也就是安装过程中需要联网下载文件。

Python 官方网站有时候在国内访问不太稳定。如果你所在的网络中 Python 官方网站无法访问或者下载速度太慢，可以通过以下备用地址下载 Python 安装包，或者通过搜索引擎查找其他下载网站，多试几个总有一个是可以下载的：

https://www.python.org/ftp/python

http://npm.taobao.org/mirrors/python

3.3　Python 的安装和运行

Hello,
Python!

❶ 在 Windows 系统上安装 Python

由于 Windows 系统通常都没有预装 Python，所以必须单独安装。首先值得注意的一点是，Python 官方发布版对某个 Windows 系统版本的支持，仅限于该系统版本当时仍处于 Microsoft 自身的支持周期内。也就是说，微软公司已不提供支持的 Windows 系统版本，Python 官方发布版也不支持。这意味着 Python 3.10 仅支持 Windows 8.1 以后的 Windows 版本；如果你的系统是 Windows 7，则最多只能安装 Python 3.8；如果你的系统是老旧的 Windows XP，那最多只能安装 Python 3.4。

正式开始安装，只需要双击从 Python 官方网站下载的 exe 安装包文件，就可以启动 Python 的安装程序（图3-5）。

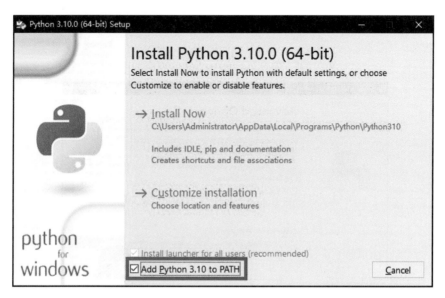

图3-5

　　这里有个需要特别注意的地方：请尽量勾选安装程序界面底部的"Add Python 3.x to PATH"选项。勾选后安装程序可以将Python指令工具所在的目录自动添加到Windows系统的Path环境变量中。如果这里没有勾选，后续在运行Python指令行工具时就会报错，需要在Windows环境变量设置中添加。

　　这里有两种安装方式可供选择，分别是默认安装和自定义安装。选择默认安装就直接点击"Install Now"，安装程序将自动完成，默认安装标准库、测试套件、启动器和pip，安装的目录一般是电脑C盘的用户目录。如果要选择自定义安装，请点击"Customize installation"，将依次进入手动选择安装组件（图3-6）和选择安装目录等选项（图3-7）的两个界面，你可以选择只安装部分功能、修改安装的文件目录和其他安装后的操作。

图3-6

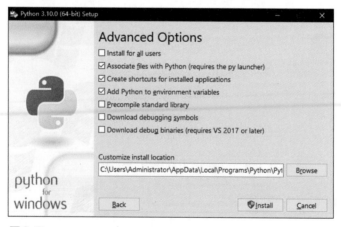

图3-7

最后点击界面右下角的"Install"按钮，稍等片刻即可完成安装。界面上显示"Setup was successful"就表示已经安装成功了（图3-8）！

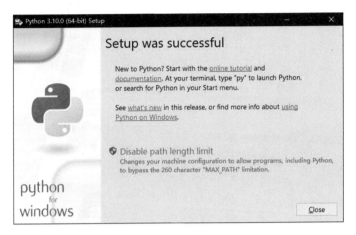

图3-8

另外，如果你使用的是 Windows 10 以上版本的系统，其实可以不用单独下载Python安装包，直接通过 Windows 系统中的 Microsoft Store（微软应用商店）也能安装Python。要通过这种方式安装，请先确保你的系统已更新到最新版本，然后在 Microsoft Store 的应用程序中搜索"Python 3"。找到 Python 应用程序后，请确认你选择的应用程序是由 Python Software Foundation（Python 软件基金会）发布的，接着就可以安装了。需要说明的是，Python 在 Microsoft Store 中始终是免费提供的，如果安装过程中出现要求付款的情况，则表示这个应用程序包不是 Python 官方发布的版本。

❷ 在 Mac OS 系统上安装 Python

在部分 Mac OS 系统中苹果公司预装了 Python 系统，比如 Mac OS 10.2（Jaguar）到Mac OS 10.15（Catalina）就自带了 Python 2 的版本，而 10.15 之后的 Mac OS 则不包含默认的 Python 版本。但不管系统中是否已经预装，我们都强烈建议你不要使用默认的Python 2.x，而是重新安装当前最新的 Python 3.x 版本。

如上文所述，我们可以从 Python 官方网站下载针对 Mac OS 系统的 Python 安装程序，然后在系统中双击下载得到的安装包。进入 Python 安装向导后只需要点击"继续"按钮（图3-9），"软件许可协议"点击"同意"（图3-10），其他选项都保持默认即可安装成功（图3-11），这和在Windows系统下的安装过程是类似的。

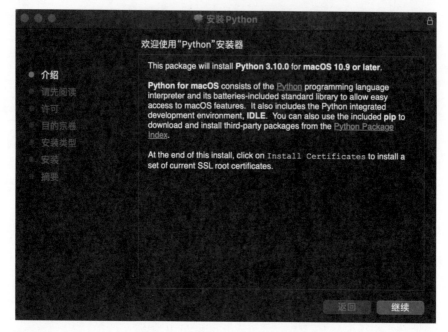

图3-9

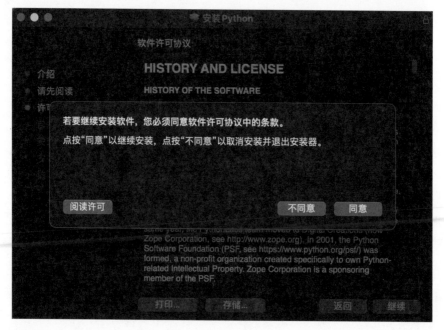

图3-10

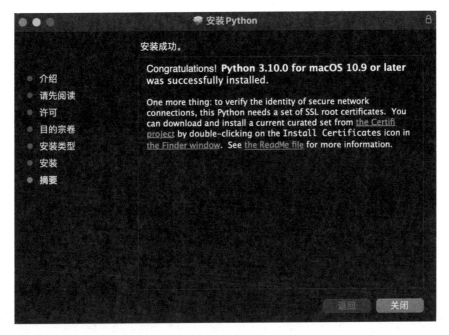

图3-11

③ 在 Linux 系统上安装 Python

有人说 Linux 系统是为编程而生的，因为绝大多数的 Linux 发行版（如 Ubuntu、CentOS 等）都默认预装了 Python 环境。有的 Linux 发行版甚至还会自带两个版本的 Python，例如最新版的 Ubuntu 就内置了 Python 2 和 Python 3 两个环境，完全不需要用户再折腾安装了。

如果要想检测自己的 Linux 系统是否安装了 Python 以及安装了哪个版本的 Python，可以打开 Linux 发行版内置的终端（Terminal），在其中输入"python3"指令，如果指令能够正常运行，并出现 Python 提示符">>>"，则表明当前的 Linux 系统已经安装了 Python 3 开发环境。如果在终端中直接输入指令"python3 --version"，则可以输出查看已安装 Python 的版本信息。

如果你的 Linux 系统只有 Python 2.x 而没有安装 Python 3.x，或者你觉得系统自带的 Python 3 版本较旧，想安装某个更新版本的 Python，比如 Python 3.10，则可以在终端中输入"sudo apt-get install python 3.10"。等待指令执行完毕，再次在终端输入"python 3"指令，就可以看到 Python 交互式编程环境已经更新到了 Python 3.10。

❹ 运行 Python

安装完成后，我们来尝试运行 Python。要在 Windows 系统上运行 Python，需要先启动指令行程序（指令提示符），而要在 Mac OS 和 Linux 系统上运行 Python，则需要先打开终端。在 Windows 系统中打开指令提示符窗口的方法是：在开始菜单的 Windows 系统工具中找到"指令提示符"程序，并点击"启动"；用鼠标点击"开始—运行"或是用键盘按"Win+R"键，然后输入"cmd"并点击"确定"。

在指令提示符窗口中输入"python"（注意不能用大写字母），键盘回车。正常情况下会显示 Python 的版本信息和帮助提示，并出现 Python 的指令提示符">>>"，就说明 Python 环境安装成功并且启动运行正常（图3-12）。

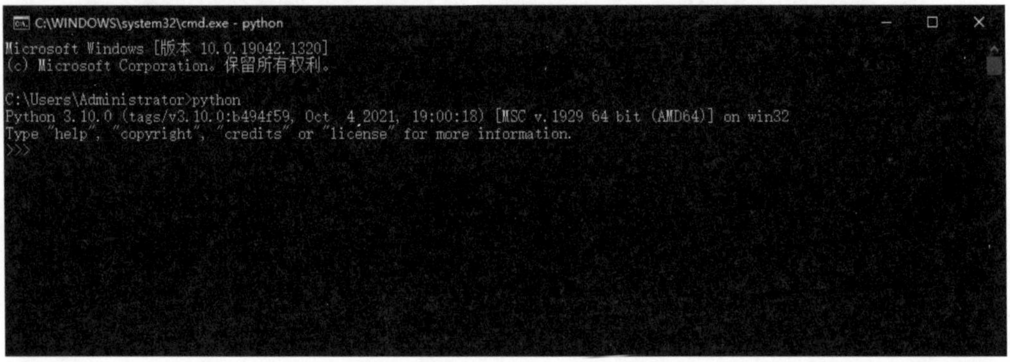

图3-12

这里看到提示符">>>"就表示已经处于 Python 的交互式编程环境中了，我们可以在">>>"后面输入任何 Python 代码，回车后就会立即得到执行的结果。要退出 Python 交互式环境，可以用键盘按"Ctrl+Z"快捷键或是输入"exit（）"指令，回车即可退回到 Windows 指令提示符。当然，用鼠标点击指令提示符窗口的关闭按钮，直接回到 Windows 系统桌面也是可以的。

如果在 Windows 指令提示符程序中输入"python"后没有显示 Python 版本信息和">>>"提示符，而是出现一个错误提示："'python'不是内部或外部指令，也不是可运行的程序或批处理文件。"（图3-13）这就表示在我们键入"python"指令后，Windows 根据系统 Path 环境变量设定的路径去查找 python.exe 程序，但是没有找到，所以就出现报错。

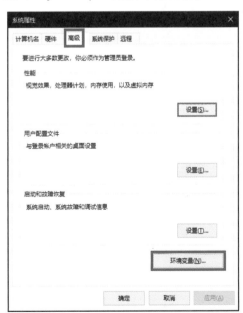

图 3-13

造成这个问题的原因，首先可能是根本就没有在系统中安装 Python；如果已经安装过 Python，那可能就是在安装程序启动时，没有勾选 "Add Python 3.x to PATH" 的选项。如果当时漏选，这时就需要手动把 python.exe 所在的路径添加到系统的环境变量Path 中去。当然，如果你觉得手动添加太麻烦，或者不知道怎么修改系统环境变量，也可以直接把 Python 安装程序重新运行一次，这一次请务必记得勾选上 "Add Python 3.x to PATH"。

以下是在 Windows 系统中手动添加系统环境变量 Path 的简要介绍：首先在系统中找到 "高级系统设置"，或者在 "开始—运行" 中输入 "sysdm.cpl" 并点击确定打开。

在打开的系统属性界面中确认选中顶部的 "高级" 标签（图 3-14），然后点击底部的 "环境变量" 按钮，进入环境变量设置界面（图 3-15）。

这个界面有 "用户变量" 和 "系统变量" 两种变量设置："用户变量" 只对当前的用户有效，而 "系统变量" 对本机所有的用户都有效。其中的变量 "Path"，就是告诉系统可执行文件放在什么路径。双击 "Path" 变量所在的行，或者单击 "Path" 行后点 "编辑" 按钮，就可以进入环境变量编辑界面（图 3-16）。

在编辑环境变量界面点击 "新建" 按

图 3-14

钮，输入python程序所在的文件路径即可。或者点击"浏览"按钮，在对话框中选择程序文件便可自动添加。编辑完成后，要点击"确定"按钮进行保存。最后，按上文所述重新打开系统指令提示符窗口，输入指令"python"并回车，就可以显示Python版本信息和Python指令提示符">>>"了。

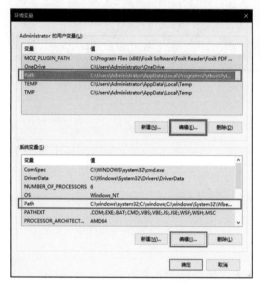

图3-15

图3-16

3.4 Python集成开发环境

Hello, Python!

❶ 代码运行方式

安装好了Python，接下来我们就要编写Python代码并执行Python程序了。作为一种解释型的脚本编程语言，Python一般支持两种代码运行方式：

交互式编程　"交互式编程"的意思是在Python指令行状态下直接输入编程代码，按下回车键就可以执行代码，并可以立即看到输出的结果。执行完一行代码，可以继续输入下一行代码，再次回车执行并查看结果。整个编程过程，就好像我们在和计算机对话，所以被称为"交互式编程"。

有两种方法可以简单地进入Python的交互式编程环境：第一种是在系统的指令行窗口或者终端窗口中输入"python"回车，看到Python的指令提示符">>>"，就可以开始编写代码了。第二种进入Python交互式编程环境的方法是，打开Python环境安装后自带的IDLE工具，启动后就默认进入交互式编程环境，我们将在后文详细介绍IDLE工具的使用。用这两种方法进入后的状态如下（图3-17）。

图3-17

交互式编程的优点是"所见及所得"：在交互模式下直接输入代码，回车即执行代码，立刻得到运行结果。这种简单清晰的方式比较适合编程开发的初学阶段，以及一些简要的代码调试任务。但缺点是程序代码输入一行执行一行，执行后发现代码有误无法修改，需要重新输入一遍，如果代码很长也不方便维护。而且所有输入并执行的代码都不会保存下来，下次要运行相同的程序功能，则需要重新编写一遍程序代码。

脚本式编程 "脚本式编程"简而言之就是将带有 .py 扩展名的 Python 源文件作为脚本执行。我们首先要创建一个 Python 代码的源文件（所有 Python 源文件都以 .py 作为扩展名），将全部需要运行的代码都放在这个源文件中编辑好并保存下来。然后调用 Python 解释器来逐行读取并执行源文件中的脚本代码，直到文件末尾执行完毕，也就是批量一次性执行完源文件内的所有代码。

运行 Python 源文件也有两种方法：第一种还是在系统的指令行窗口或者终端窗口中，先切换目录到 Python 源文件所在的文件夹，输入 python 文件名 .py 并回车，就可以运行该源文件并看到输出结果。第二种方法是打开 Python 环境安装后自带的 IDLE 工具，先通过菜单"File-Open..."打开 Python 源文件，然后在源文件打开的新窗口中，点击菜单"Run-Run Module"或直接按 F5 快捷键，就可以运行源文件中所有的脚本代码了（图 3-18）。IDLE 工具的使用方法我们将在后文详细介绍，这里只需要简单了解概念即可。

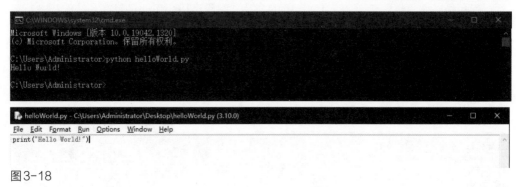

图 3-18

直接运行源文件的脚本式编程是我们更加常用的编程方式，它将我们编写的程序功能代码保存在文件中，这样程序就可以"一次编写，反复运行"了。脚本式编程便于保存源代码，便于代码维护，也便于代码格式化。虽然交互式编程和脚本式编程都是通过调用 Python 解释器来执行 Python 程序的，但脚本式编程因为是一次性执行完所有代码，所以在执行过程中没有机会交互式地输入源代码。在交互式编程时，Python 解释器会自动把每一行代码的运行结果输出显示在指令行窗口，而脚本式编程需要借助"print（）"指令才能打印输出结果。

❷　集成开发环境

　　在我们上面的介绍中，交互式编程和脚本式编程都使用了Python环境自带的IDLE工具，IDLE是一种简单的集成开发环境。作为编程开发人员，集成开发环境是需要了解和经常使用的开发工具。"集成开发环境"简称IDE，英文全称是"Integrated Development Environment"。我们在实际的编程开发中，除了运行程序必需的编译器或解释器之外，往往还需要一些其他的辅助软件，例如代码编辑器、调试器、图形用户界面等。这些工具软件打包集成在一起，统一发布和安装，就被统称为"集成开发环境"。因此可以说，集成开发环境就是一系列开发工具软件的组合套装。在编程开发领域，知名的集成开发环境有微软的Visual Studio系列、Borland的C++ Builder、开源社区的Eclipse等。

　　集成开发环境通过图形用户界面集成了多个辅助开发的组件，提供了代码编写、语法高亮和自动补全、分析编译调试和源代码控制等丰富的功能。它将编程开发流程中各种功能集成在一个桌面环境中，避免开发者在几种辅助开发软件之间来回切换操作。这样就使程序员的开发更加轻松方便，能够有效提升编程的体验和效率。大部分的集成开发环境都能兼容多种编程语言，但通常来说，每种IDE都有其擅长和主要应用的程序语言。也有些集成开发环境只针对某一种编程语言设计，比如我们前面提到的Python官方的IDLE。但集成开发环境在方便程序员编程的同时，也在一定程度上增加了程序员学习的工作量。IDE通常是功能强大且比较复杂的工具软件，对于编程初学者来说，除学习程序语言本身之外，还要抽出额外的时间和精力来学习IDE的使用。

　　IDLE　　IDLE和IDE的名字仅差一个字母，但IDE是集成开发环境的缩写，而IDLE是Python官方环境自带的一种集成开发环境。IDLE是一个跨平台的Python集成开发环境，它同时支持Windows、Mac OS、Linux三种操作系统。它基于Tkinter库，使用Python语言编写开发。IDLE虽然简洁、体量小，但相当经典好用，它完全免费，整体尺寸较小，在所有支持的操作系统上都可以轻松设置。对于初学Python的程序员来说，IDLE是非常理想的入门IDE。但IDLE没有多国语言支持、缺失错误标记功能、没有代码集成调试功能，所以不太适合大型项目的开发。

　　在操作系统中安装好Python就已经同时安装了IDLE，我们可以在Windows的开始菜单中找到IDLE菜单项，用鼠标点击就可以启动并打开IDLE程序窗口。启动后如果觉得

窗口默认的字体和字号显示效果不好，
可以通过设置进行修改，点击 IDLE 窗
口的菜单"Options-Configure IDLE"，
在新打开的 Settings 窗口中进行修改
和调整（图 3-19）。如前所述，启动
IDLE 工具后就自动进入 Python 交互式
编程环境。相比系统指令提示符窗口
的 Python 交互式编程环境，IDLE 工具
内支持代码高亮，看起来更加清爽。
所以即便是进行简单的指令行交互式
编程，我们也推荐使用 IDLE。

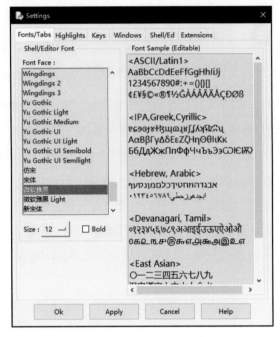

图 3-19

我们在实际编程开发中，通常都
不会只有一行程序代码。当需要编写
多行代码的时候，我们可以将全部代
码编写在一个单独的文件中，先对这
些代码进行编辑和保存，等全部编辑完成后再打开文件一起执行。在 IDLE 中创建 Python
源文件的方法是：在 IDLE 主窗口的菜单点击"File-New File"，打开一个新的窗口，在新
窗口中编写 Python 代码。输入完一行代码后，接着回车输入下一行代码，在编写多行代
码的过程中使用回车并不会执行代码。任何时候点击菜单"File-Save"或是键盘按
"Ctrl+S"快捷键，就可以打开"另存为"对话框，在对话框中输入文件名，确认"保存
类型"选择 Python files 也即文件扩展名为 .py，然后点击"保存"按钮（图 3-20）。运行
这个源文件的方法如前所述，在源文件窗口的菜单点击"Run-Run Module"或直接按 F5
快捷键，就可以执行源文件中的所有代码并显示运行结果。

除了 Python 官方版本自带的 IDLE 工具，要进行 Python 开发还有很多优秀的集成开
发环境可供选择。

PyCharm　由 JetBrains 公司出品的一款 Python 集成开发环境，支持 Mac OS、
Windows、Linux 系统。PyCharm 被称为"最好用的商业 Python IDE"，也可能是目前除
了 IDLE 之外使用人数最多的 Python IDE。PyCharm 具备集成开发环境的各种功能：语法
高亮、智能提示、自动完成、调试、代码跳转、项目管理、单元测试、版本控制等。
PyCharm 是专为 Python 打造的 IDE，它支持很多的第三方 Web 开发框架，比如 Django、

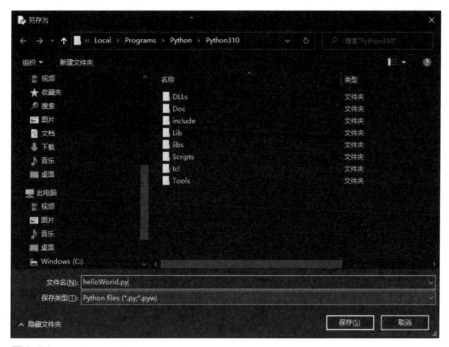

图3-20

web2py、Pyramid和Flask等，这使它成为一个完整的快速应用集成开发环境。PyCharm分为社区版和专业版，社区版是免费的，专业版是付费的。专业版主要面向企业级开发者，支持更多高级的功能，比如远程开发、数据库支持等。而社区版具备大部分的基础功能，对于Python初学者来说，使用社区版就足够了。

Eclipse+PyDev   Eclipse曾经是非常流行的集成开发环境，几乎是Java程序员的标配IDE。Eclipse有着悠久的历史，最初是由IBM公司开发，后来成为开源项目。而PyDev是Eclipse集成开发环境的一个插件，它把Python带进了Eclipse的大家庭，它包含自动代码补全、错误标记、源代码控制、Django集成、多语言支持等关键功能。Eclipse+PyDev被称为"最好用的免费Python IDE"，除了Python，它还支持Jython和IronPython的开发。如果你本来就是在Eclipse中使用其他语言开发的用户（比如Java），那么在Eclipse集成开发环境中增加安装PyDev是非常简单的事情，只需从Eclipse菜单中选择"Help-Eclipse Marketplace"，然后搜索PyDev并完成安装，重启Eclipse即可使用。

Visual Studio   业内曾有人评价说"Visual Studio是这个星球上最好的集成开发环境"，而且还没有之一。虽然不一定每个人都赞同这个评价，但微软公司多年来围绕自己的生态系统，持续不断打造的这款强大的开发者工具，确实是全世界最好的软件生产力工具之一。Visual Studio 简称 VS，是一款全功能集成开发平台，它包括了整个软件生命周期中所需要的大部分开发工具，几乎是微软 Windows 平台应用程序开发的必备 IDE。Visual Studio 从 2015 版本就开始支持 Python 开发，通过 PTVS（Python Tools for Visual Studio）提供了代码编辑、智能感应、调试分析、发布等一整套 Python 开发解决方案。Visual Studio 也提供了免费版和付费版，可以支持各种平台的开发，但是不支持 Linux 平台。如果你已经是一名 Visual Studio 的资深用户，那通过安装 PTVS 插件来进行 Python 开发毫无疑问是最好的选择。

Wing　Wing IDE 是另外一个面向专业开发人员的商业 Python 集成开发环境，它也同时支持 Windows、Mac OS、Linux 系统。Wing IDE 的启动和运行速度非常快，支持 Zope、PyQt、Django 等各种 Python 框架。调试功能是 Wing IDE 的一大亮点，包括单步代码调试、断点调试、多线程调试、自动子进程调试等功能。此外，Wing IDE 的源代码浏览器对浏览项目或模块非常实用，代码编辑器有优秀的指令自动完成和函数跳转列表功能，其面向项目的风格适合大型产品开发。在代码管理方面，Wing IDE 能非常灵活地与 Git、subversion、perforce、cvs 等工具软件集成。Wing IDE 分为三个版本：免费基础版、个人版以及功能更强大的专业版。

集成开发环境是每个 Python 开发程序员必备的工具，也是我们学习 Python 编程的过程中少不了的辅助软件。集成开发环境能帮助我们加快 Python 开发的速度，提高 Python 开发的效率，对 Python 编程学习也有比较大的影响。但最好的 Python 集成开发环境是什么呢？这其实是因人而异的。每个 IDE 都有不同的特点和独特的功能设计，也都有优点和缺点，有一些适合初学者，另一些则适合专业开发者。选择哪一款 IDE 取决于每个人对 Python 语言和工具的熟练程度，也取决于使用 Python 进行开发的应用领域，总之适合自己的才是最好的。

本节介绍了 Python 开发的各种集成开发环境，但是对于 Python 编程的初学者，为了减少学习成本，我们建议先直接选用 Python 自带的集成开发环境 IDLE。由于 IDLE 简单、方便、轻便，也很适合编程练习和调试，因此本书中所有案例和项目如果没有特殊说明，均默认使用 IDLE 作为开发工具。

Python 代码编辑器

3.5

除了集成开发环境，还有一个与集成开发环境相似的术语和工具，叫"代码编辑器"（code editor）。代码编辑器是用于编写计算机程序代码的一种文本编辑器，是程序员重要的编程辅助工具之一。它通常是一个独立的应用程序，或是作为集成开发环境的一部分。代码编辑器除了输入和修改代码，通常还具备有语法高亮和自动完成、代码格式化等功能。

与集成开发环境相比，代码编辑器往往更加简单，速度更快，同时功能更少。但集成开发环境由于包含更多的功能，一般来说体积较大，需要更多时间去下载安装和学习使用 IDE 的操作方法。所以代码编辑器在编程开发中也有自己的位置和应用空间，一款优秀好用的代码编辑器可以使程序代码更容易读写，能够显著提升开发人员的开发效率。

❶ Sublime Text

Sublime Text 是一款非常流行的代码编辑器，支持 Python 语言的代码编辑，同时支持 Windows、Mac OS、Linux 系统。Sublime Text 的程序迅捷小巧且具有良好的兼容性，它具备优秀代码编辑器的所有特性，比如块编辑、多行编辑、正则表达式搜索等。Sublime Text 有自己的插件管理器，允许开发人员安装插件，还能编写他们自己的插件，丰富的插件扩展了它的语法和编辑功能。Sublime Text 给人的第一印象就是界面简洁漂亮，再加上使用过程的便捷高效，使它在开发者社区受到极大的欢迎和推崇，它也是本书笔者首选的代码编辑器。Sublime Text 并不是免费软件，但你可以无限期地使用它的测试版本。

❷ Vim

Vim 是从 Vi（Unix 及 Linux 系统下标准的文本编辑器）发展出来的一款高级文本编辑器，它在 Vi 的基础上做了诸多改进并增加了很多功能。Vim 在编辑器领域的地位很高，被誉为"编辑器之神"，有一众狂热的程序员追随者。Vim 是自由软件，完全免费，支持 Windows、Mac OS、Linux 操作系统。Vim 功能强大，高度可定制，具备代码补全、编译及错误跳转等方便编程的各项功能。Vim 最大的特色是指令的组合以及指法，熟悉 Vim 指令组合的程序员敲起代码来行云流水，Vim 能够比其他编辑器更加高效地进行文本编辑。显然 Vim 不适合作为初学者的首选，因为学习使用 Vim 的成本较高，但经验丰富的开发人员在熟悉 Vim 之后，工作效率会提高很多。

❸ Atom

Atom 是知名的代码托管平台专门为程序员推出的一个跨平台文本编辑器。Atom 拥有时尚简洁的图形用户界面，支持 CSS、HTML、JavaScript、PHP 等网页编程语言，它集成了文件系统浏览器和扩展插件市场，通过安装插件支持 Python 编程。Atom 是使用 Electron 构建的，而 Electron 使用 JavaScript、HTML 和 CSS 来构建跨平台的桌面应用，所以 Atom 可以兼容所有系统平台。由于建立在 Electron 框架上，Atom 始终运行在 JavaScript 进程中而不是作为本地应用运行，所以 Atom 比其他大多数代码编辑器都要慢得多。虽然 Atom 开源免费，但在 Python 社区的代码编辑器中占有的份额不高。

❹ Visual Studio Code

Visual Studio Code 简称 VS Code，是由微软公司开发出品的一款全功能代码编辑器。Visual Studio Code 并不是我们前面介绍过的功能全面而强大的集成开发环境 Visual Studio，它只是把其中代码编辑的部分精简出来的迷你版。Visual Studio Code 开源免费，跟 Visual Studio 只能运行在 Windows 系统不同，它可以跨平台，同时支持 Windows、Mac OS、Linux 系统。Visual Studio Code 小巧的体格却蕴含了丰富的功能，编辑器支持语法高亮、大括号匹配、代码折叠，可扩展并且可以对几乎所有任务进行配置。在Visual Studio Code中安装插件，就可以添加对Python编程的支持和自动识别。

　　Python的程序源代码和其他任何语言的源代码文件一样，本质上就是一种纯文本文件。除了上面介绍的代码编辑器，你其实可以使用任何文本编辑器打开它们。比如Windows系统下经典的附件程序"记事本"，就是一款小巧免费的纯文本编辑器，如果你愿意，甚至就可以用记事本来编写Python程序代码。但需要注意的是，我们编程使用的代码编辑器（或文本编辑器）与文档编辑器（或文字处理程序）不同，文档编辑器是指Windows写字板、Word、WPS等用于文档格式处理和排版的应用程序。这些文档编辑器保存的并不是纯文本文件，它们会在文档中加入很多特殊格式和特殊字符。如果用Word等文档编辑器来编写Python程序，会让代码变得"乱七八糟"，不能被Python解释器正确识别，结果会导致程序运行出现莫名其妙的错误。

　　总之，单独的代码编辑器并不是Python编程过程中所必需的工具，你可以选择使用代码编辑器来提高代码编写的便捷性和效率，也可以选择在Python自带的IDLE中书写代码。本书中涉及的案例和代码，一般使用IDLE配合Sublime Text来编程。

第 4 章

Python
入门开发

你好,
Python

4.1 第一个 Python 程序

Hello, Python!

我们可以挑选很多不同的案例来尝试 Python 编程的第一个程序，但在计算机程序语言的学习领域中，存在经典且著名的第一个程序"hello, world"。几乎所有的计算机编程书籍和所有程序语言的教程，都是用输出"hello, world"作为第一个程序！这个程序已经成为编程语言学习的传统，它首次出现在 1978 年出版的 C 语言经典著作 *The C Programming Language*（《C程序设计语言》）当中。该书的巨大销量和 C 语言在程序语言界的元老地位，使得"hello, world"这个程序成为了经典，后来出版的各类编程语言书籍都延续了这一习惯。此外，输出"hello, world"作为第一个程序也足够简单明了，让无数恐惧编程的初学者都能顺利地写出第一个程序，从而走上"编程大神"的康庄大道。对于每一位学习编程的初学者来说，无论学习何种语言，"hello, world"都是第一个示例程序，也是每一个程序员都需要知道的梗。

输出"hello, world"这个程序，就是让计算机在屏幕上显示出"hello, world"这一段文字，也就是"你好，世界"的意思。我们先在 Python 自带的 IDLE 中新建一个脚本文件，在其中输入"print（'hello, world'）"的代码（图4-1），将它保存为 helloworld.py 文件，这个文件名可以根据自己的喜好修改。

写好代码后，一定要记得保存自己的程序。我们以后在任何程序开发的过程中，都要始终养成随时保存代码的好习惯。特别是碰到大批量代码输入或修改的时候，一旦断电或意外死机，自己辛辛苦

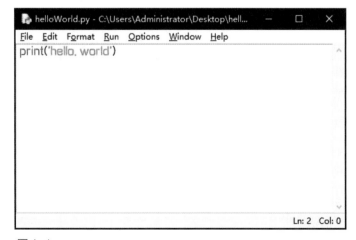

图4-1

苦写的代码就付之东流了。这里不得不提一下优秀的代码编辑器，比如 Sublime Text，它会在你输入和编辑代码的过程中自动保存修改的内容，即便是没有手动操作保存，修改过的代码也不会丢失，任何时候重新打开都能恢复到上次停止编辑的状态。

　　在输入好"print（'hello, world'）"代码之后，我们现在来运行第一个程序。如上文介绍 IDLE 使用方法的部分所述，点击菜单"Run-Run Module"或直接按 F5 快捷键，就可以在 IDLE 主窗口看到程序运行的结果（图4-2）。你可以回到源代码文件，尝试修改代码来输出显示其他文字，比如"hello, Python"或其他你想让计算机显示的内容，然后再次运行，查看结果。

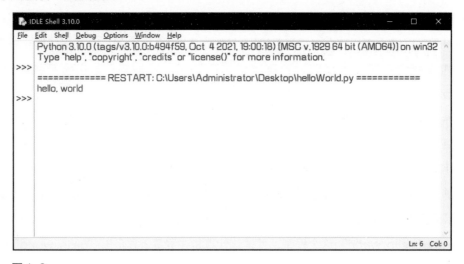

图4-2

　　到这里要恭喜各位读者，你已经成功迈出了 Python 编程的一小步，但却是学习计算机程序开发的一大步！输出"hello, world"在 Python 编程中虽然只有短短的一行代码，但对于每一位学习编程的初学者来说，第一个程序都是一个具有重要意义的里程碑。虽然本质上"hello, world"这个程序只是告知计算机输出一段文字，但对于程序员来说，看到这句话显示在电脑屏幕上时，代表着第一次与计算机成功实现了交流，所以第一个程序往往具有特殊的象征意义。当一名编程初学者"历经艰难"顺利抵达"hello, world"的时候，代表着你对 Python 编程所需的语言知识和编程环境有了基本的了解，已经掌握了开发一个 Python 程序的基本步骤，已经具备了 Python 编程所需的工具和软件，已经能够使用 Python 语言来创建、编写、保存代码，并能加载、运行并输出程序结果。从某种意义上来说，这些是开始学习一门编程语言最大的困难，也是学习所有编程语言最重要的一步。

本书的内容实践也证明了事实确实如此，为了从头开始讲清楚 Python 入门的所有知识和方法，我们从开篇写到第4章，才来到了 "hello, world" 的环节。如果作为读者的你从头开始认真看到这里，那么对编程语言、Python 语言、编程的理念和方法、Python 的环境和工具，都有了清晰的认识。好的开始是成功的一半！在掌握了上述所有这些技能之后，后续其他的编程学习就是水到渠成，现在你已做好尝试更复杂知识的准备了。

我们一直说 Python 语言简洁简单，比其他主流语言的代码量都少得多。既然大家都是从第一个程序开始，那么我们就用输出 "hello, world" 的代码来对比一下编程语言界曾经的三个霸主。

```
#include <stdio.h>
int main()
{
    printf("hello, world");
    return 0;
}
```

图4-3

图4-3是 C 语言的第一个程序。

图4-4是 Java 语言的第一个程序。

图 4-5 是 Python 语言的第一个程序。

```
public class HelloWorld
{
    public static void main(String[] args)
    {
        System.out.println("hello, world");
    }
}
```

图4-4

大家对比感受一下，很明显 Python 程序的写法最简单，直接明了地书写功能代码即可，不用像其他语言一样，还要套上一个让初学者难以理解的 "外壳"。

```
print('hello, world')
```

图4-5

4.2 从第一个程序继续学习

Hello,
Python!

完成了第一个 Python 程序，我们从学习语言的角度举一反三。第一个程序输出"hello, world"的代码是 print（'hello, world'），这里的 print 是一个输出函数。

❶ 什么是函数

在计算机编程中，函数是一组用于实现特定功能的，可以重复使用的代码段。当我们编写代码来实现程序功能的时候，对于一些重复的功能，比如打印输出显示，在程序运行的过程中可能会经常用到。如果每一次打印输出，都要现写一大段几乎一样的代码来实现功能，既浪费编程的时间，也白白增加了很多重复的程序代码，还容易出错。所以我们通常将频繁使用且功能相同的代码段组合在一起，形成一个可供调用的独立板块，再给它起一个名字，以后编写程序在每次需要使用这个功能的时候，只需要通过书写这个组合的名字就可以调用这段代码了。这样的代码板块就被叫作"函数"（Function），其本质上就是实现相同程序功能的代码组合。

函数最主要的目的就是封装功能。我们通常会给函数设置一些参数，在调用的时候将参数输入函数的代码中使用，还可以给函数设置返回值，在调用结束的时候从函数模块中输出。函数可以提高程序代码的模块化，减少代码重复，增加代码的可读性，还可以减少编写代码的时间，提高编程的效率，减少出错率，增加程序代码的可维护性。

函数在 Python 语言中的应用非常广泛。首先 Python 提供了大量的内置函数，在编程时可以直接调用，比如我们第一个程序用到的 print 函数。这些内置函数功能广泛而强大，具体它们是如何实现打印等功能的，我们无须关心，编写函数的前辈们已经帮我们做好了，我们只需要把要打印的参数给它就好了。除了 Python 的内置函数，我们当然也可以编写和创建自己的函数，这种函数叫作"用户自定义函数"。我们在编程过程中，可以随时将一段实现相同功能、有规律、可重复使用的代码定义成函数，然后在任何时候通过函数名直接调用它，实现一次编写、多次使用的目的。

❷ print 函数

print 函数是 Python 中最常见的一个函数，也是 Python 的内置函数之一。print 函数的基本功能就是在屏幕上输出显示，将需要输出显示的内容放在小括号里面，就像我们在第一个程序里面所做的那样。如果我们要输出更复杂的文本，比如想要输出多行文字，就需要在输出的内容中间加入换行符。跟大多数编程语言一样，Python 文本中的换行符是"\n"，需要换几行就加入几个"\n"。我们来看看示例代码（图4-6）和运行的结果（图4-7）：

```
print('hello, world\nhello, Python\n\nprint() is a function')
```

图4-6

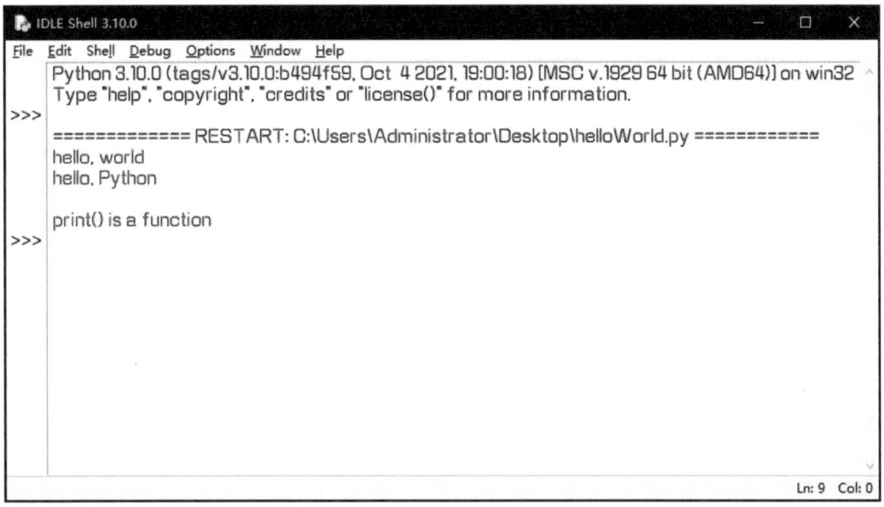

图4-7

除了简单的文本输出，print 函数还可以输出数字和进行数字计算，也可以通过多个参数来控制输出的格式，或者输出到屏幕以外的其他标准输出设备上。但现在我们可以暂时不管它，学习语言就是这样，用不到的时候就先不用管，需要的时候再学。

❸ 字符串和字符

我们已经知道 print 函数最基本的功能就是输出文本，也就是输出字符串。那么什么是字符串呢？字符串是一种最基本和最常见的数据类型，主要是用来表示文本的。字符串也是多个字符的集合，但在 Python 语言中没有单个的字符类型，单字符在 Python 中也是作为一个字符串来使用的。字符串可以包含英文字母、数字、标点、特殊符号、中文以及全世界各种不同的文字。在 Python 中，字符串必须用单引号或双引号包围起来，例如下面这些都是合法的字符串：

'hello, world'

'Number 2021'

'https://www.python.org/'

'Pyhon 编程语言'

"Pyhon 编程语言"

❹ 单引号和双引号

前面我们提到，用单引号或双引号来定义字符串都是可以的。事实上在 Python 中单引号和双引号几乎没有任何区别，使用方法也完全相同。对程序员来说，可以随自己的喜好哪个方便用哪个，只需要注意当引号作为字符串的标识时，无论单双都必须成对出现。

但是当引号作为字符串的标识符号使用之后，如果字符串的内容也包含引号，就会造成歧义。比如这样的字符串 'I'm a Python programmer'，程序不知道哪个引号才是表示字符串结束的引号，Python 就会解释出错。这种情况需要特殊处理，通常使用的方法是对引号进行转义。包括 Python 在内的绝大多数编程语言的转义符都是反斜杠，我们在引号的前面添加反斜杠就可以对引号进行转义，让 Python 把引号作为普通文本对待而不是字符串的标识符。例如上面的字符串，添加转义符后这样书写 'I\'m a Python programmer'，程序运行的效果图如图 4-8。

除了引号以外，转义符"\"在 Python 编程中还可以转义很多其他字符，比如我们上文提到的换行符"\n"也是一种转义符。而转义符反斜杠"\"如果出现在字符串的内容当中，自身也需要转义，用连续两个反斜杠"\\"来表示"\"本身。具体其他转义符

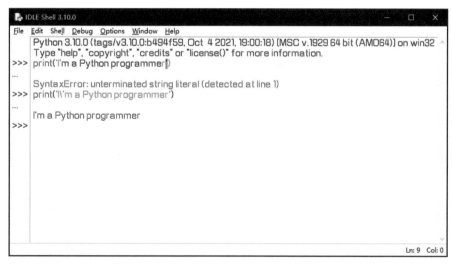

图4-8

的使用方法，碰到的时候再有针对性地学习即可。

　　虽然转义符可以处理字符串中的引号，但如果字符串包含的引号比较多，对每个引号逐一添加转义符之后，整个字符串就会显得比较凌乱，程序代码的阅读体验也会比较差。由于字符串在Python中既可以使用单引号来表示，也可以使用双引号来表示，所以我们可以采用另一个比较巧妙的解决方案，就是使用单引号与双引号互相嵌套的方法。如果字符串包含单引号，我们就用双引号来定义字符串；相反，如果字符串中包含双引号，那我们就使用单引号来定义这个字符串。采用这种单双引号相互嵌套的方法之后，字符串所包含的引号会被Python当成普通字符来处理，从而不需要使用反斜杠来进行转义，这就提高了代码的可读性。以下是这种引号嵌套的字符串写法举例（图4-9）：

```
print("Everyone says 'Python is the best language!'")
print('大家都说"Python是最好的语言!"')
```

图4-9

❺　字母大小写

　　我们知道英文字母是分大写和小写两种方式的，那么我们在编程中碰到英文字母是否需要区分大小写呢？一般来说，大多数编程语言都是区分大小写的，也可以说是对大小写敏感的，Python语言也不例外。而且Python语法严谨，不管是函数，还是变量和类，都要严格区分大小写。前面我们已经介绍和试用了函数，变量和类会在后续用到的时候再详细说明。也就是说，在Python中书写print和Print是完全不同的。Python内置函数只定义了五个小写字母的print，如果将其中任何一个字母写成大写字母，系统都会报错显示这个函数没有定义（图4-10）。

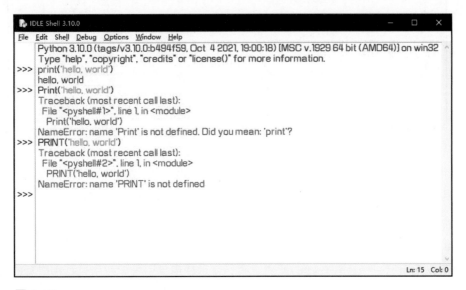

图4-10

另外还需要注意的是，在Python编程中所有字母、数字、符号（如引号和括号），都必须在英文半角的状态下输入。全角和半角是指输入法的两种状态，半角状态下字母、数字、符号都只占用一个标准字符的位置（宽度是正常汉字的一半），全角状态下则占用两个标准字符的位置（与汉字的宽度相同）。通常我们在编程的源代码中都只能使用半角的字母、数字、符号，但是对于字符串内部的文本，则可以使用全角的。

❻ Python的分号

在很多其他编程语言中，都是使用分号作为语句结束的标识，如果在语句的结尾不加入分号，这些语言的程序是会报错的。但是在Python语言中，是通过换行来识别语句的结束，所以不需要在每行代码的结束处加上分号。不过，在Python语句的结尾加上分号也是可以的，并不影响程序的正常执行。

事实上，Python 语言中的分号是作为分隔符号来使用的。如果需要在同一行代码中书写多条程序语句，就必须在语句之间加入分号来区隔，否则 Python 就无法识别不同的语句。关于分号使用的示例代码，参考如下（图4-11）：

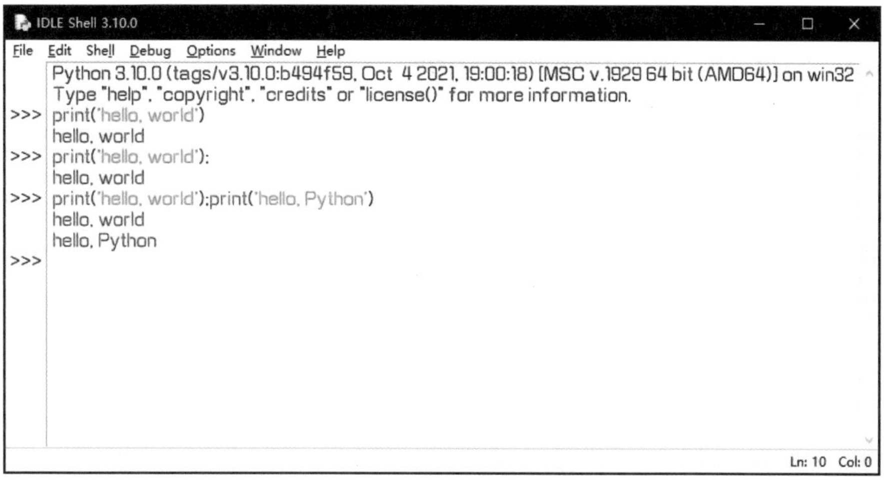

图4-11

正因为分号被识别为分隔符，所以如果在 Python 语句结尾加上分号，那么分号的后面实际会被多识别出一条空语句。分隔出空语句是毫无必要的，因此在语句结尾添加分号也是多余的。Python 语言并不推荐在语句结尾添加分号，我们也建议初学者不用在Python 编程时添加分号，特别是对于熟悉其他编程语言的程序员，需要转变书写习惯。Python 是一种简洁的编程语言，其代码也应该尽量清晰易读，所以，我们在编写代码时应避免添加任何多余和不必要的字符。另外我们也建议初学者一行代码只写一条语句，将多条语句放在同一行会使原本简单的代码变得难以阅读和理解，这并不是好的编程习惯。

4.3 Python 注释

　　我们在程序开发的过程中，除了编写用于实现程序功能的代码本身外，还有一个非常重要的部分就是代码的注释。注释用于说明代码实现的功能、采用的算法，记录代码的编写者以及创建和修改的时间等信息。注释也是程序代码的一部分，它起到了对代码补充说明的作用，方便后续对代码的阅读和理解。书写代码注释，也是编程过程中重要且不可或缺的环节，所以我们专门用一节内容来介绍 Python 的注释。

　　Python 解释器在执行程序代码时会忽略注释，对注释不做任何处理也不会执行它，就好像它不存在一样。程序运行的时候注释不会产生任何效果，注释的作用是方便"人"去阅读而不是机器，注释不是为机器编写的。而对于程序的最终使用者来说，运行程序时既看不到注释的内容，也完全不知道注释的存在。所以注释跟程序的最终用户也没有关系，注释也不是为程序使用者编写的。所有的注释都是为程序开发者编写的。

　　首先，注释是编写程序的开发者自己编写的。在编写具体功能代码之前，程序员可以通过注释为整个程序代码书写提纲，就像写一篇文章一样，注释提纲先梳理了程序实现的思路和步骤，然后再通过编写代码去逐一实现每一步的功能。此外，程序员可以在书写代码的任何地方，通过注释记录当时的想法、注意事项和要点提醒。因为在完成编写代码的一段时间之后，程序员自己可能已经忘记了当时的实现功能和解决问题的办法。等到后续需要对代码进行修改和维护时，没有注释就可能会碰到一定的困难，可能即使花费几个小时来分析自己的代码，也不知道当时到底在写什么。所以程序员最好的习惯就是，一边编写代码一边书写注释，书写注释就是"善待"未来的自己。

　　其次，注释是为共同进行程序开发的团队成员或后续接手程序的其他程序员准备的。大型项目的开发，可能需要多个团队成员共同完成，一个人写的代码可能会被多人调用。如果不为程序编写注释，团队成员之间可能无法理解对方的意图和思路。为自己的程序添加注释说明，比如一个自定义函数的功能使用方法，就能方便别人理解代码的用途。另外，程序员自己开发的程序，以后可能会交给别的程序员进行维护或开发升级。如果前面的程序员没有对程序代码添加注释，那么接手的程序员将会非常痛苦，他可能要花费大量的时间去反复阅读源代码，也看不懂代码的每个部分到底是干什么的，也就无法下手去修改代码。而如果有了注释，他就可以凭借注释的说明，快速理解原来的代码并上手开发维护了。在代码中添加注释可以方便其他开发人员读懂你的代码，帮助你实现与其他程序员的沟通合作。

注释还可以用来帮助调试程序。我们在开发和调试程序的过程中，可能希望暂时忽略部分代码不参与执行，但又不想删除它，这时就可以先用注释的方式暂时屏蔽这部分代码。比如实现一个功能有两种选择，你可以以注释来屏蔽其中一种方法的代码，再进行运行比较；或者当程序执行报错时，你怀疑是其中部分代码造成的错误，就可以先以注释屏蔽这部分代码后，再运行测试。在屏蔽部分代码之后运行程序，看看它如何影响程序执行的效果或输出的结果，就可以缩小问题代码的范围，提高调试程序的效率。

❶ Python注释的方式

单行注释　Python 的单行注释，只需要将"#"放在这一行的开头，就可以实现对这一行代码进行注释。代码编写和运行效果如下（图4-12）：

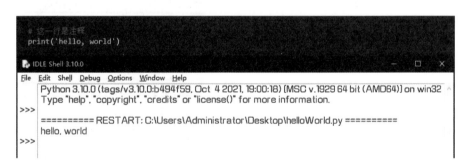

图4-12

从上图可以看到，代码中的"# 这一行是注释"在程序运行时被忽略了，并没有执行。单行注释以"#"开头，直到这一行的末尾结束。

行内注释　单行注释符号"#"不仅可以放在行的开头，也可以放在代码行的中间，放在功能代码语句的后面。这种情况被称为"行内注释"，在"#"符号左边的代码能正常执行，而在"#"符号右边的代码作为注释会被忽略。示例代码和运行效果如下（图4-13）：

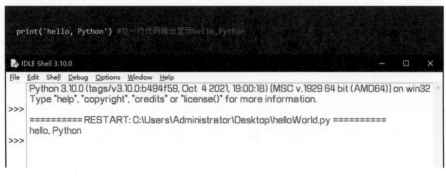

图4-13

　　你可以在行内的任何位置插入注释符号"#"，只需要将它放在需要注释的内容之前，从"#"符号开始，直到行尾的所有内容都会被忽略。行内注释通常用于解释和说明这一行代码。

　　多行注释　如果程序代码中要注释的内容比较多，需要进行多行显示时，可以使用多行注释。在 Python 中对代码进行多行注释有两种方法。第一种方法跟单行注释一样，

只需在需要注释的每一行前面都加上"#"符号，就实现了多行注释，程序将忽略以"#"开头的每一行代码（图4-14）。另一种进行多行注释的方法是三引号，使用一组三引号将需要注释的多行代码括起来。三引号既可以使用3个连续的单引号，也可以使用3个连续的双引号（图4-15）。

图4-14

　　三引号可以一次性注释多行内容，但严格意义上来说三引号并不是标准的注释符号。在 Python 中三引号实际上是多行字符串的书写方式，用三引号括起来的内容，就是一个三重引号字符串。这个字符串以三个引号开始，以三个引号结尾，程序对这个字符串不做任何处理，所以它对程序的运行没有任何影响，起到代码注释的作用。多行注释通常用来为 Python 文件、函数、模块和类添加功能描述、作者和版权信息等。

图4-15

❷ 注释的注意事项

其一，注释不是越多越好，对于一目了然无须说明的代码，不要添加注释。注释的文字应该简洁明了，不需要长篇大论，尽量减少代码的长度。

其二，不要用注释来描述代码的语法，而应该用注释描述代码在做什么。注释的作用是解释代码，而不是修复代码。如果代码写得有问题，应该去修改代码而不是补充注释。

其三，对于单行代码的注释说明，应该在代码语句的后面添加。对于代码模块的注释介绍，应该在功能模块开始之前书写。

其四，注释可以增加代码的可读性，但注释文字本身的可读性也同样重要。注释通常是写给别人读的，所以不要书写粗鲁和不礼貌的语言。

其五，尽量在编写程序代码的过程中，同时写下代码的注释，这样才更加真实准确。后期特意补上的注释相对来说价值不高，因为经过一段时间之后可能会遗忘之前的想法。

作为一名合格的程序员，为编写的代码添加注释是必须要做的工作。很多程序员宁愿自己重新开发一个程序，也不愿意去修改别人的代码，源代码没有规范的注释便是一个重要的原因，没有注释的程序代码跟天书一般难以理解。注释最重要的作用就是提高程序代码的可读性，它能帮助你以后重新熟悉自己的旧代码，也能帮助其他开发人员快速理解你的代码，方便项目开发团队合作。千万不要觉得自己书写的代码规范就可以不加注释，为代码添加注释就好像搭配合适的服饰妆容，是对别人的尊重，也是对自己的尊重。

<p></p>

98 --- 你好,
Python

4.4 Python 编码规范

Hello,
Python!

Python 虽然是一种计算机语言,但任何计算机语言除了是让机器运行的,更重要的是由人编写,给人阅读,需要人来修改维护的。所以,计算机语言的编程规范非常重要,语法正确、格式规整的程序代码,既能保证程序的正确运行,也能方便程序员进行阅读和维护。没有编码规范的代码没有阅读价值,合理的编码规范能有效提升代码的可读性。特别是对于需要团队协作的项目,必须规定统一的编码规范和风格,才能确保协作开发的效率和降低代码沟通的成本。除此以外,规范的代码还能帮助发现代码中潜藏的漏洞或缺陷,甚至在某些方面提高程序执行的效率。

编写代码就像是程序员在书写自己的文章。遵从编程语言的编码规范,养成一个良好的编码习惯,才能写出一手漂亮的代码,也能让自己和他人阅读起来赏心悦目。我们每一个程序员,在学习编程之初就要注意养成良好的编码风格和习惯。

Python 官方本身有自己推荐的编程风格指南,它的名字是"PEP 8 编码规范"。各个编程社区甚至各大互联网公司,也都有自己的编程规范。为了方便别人阅读和使用我们编写的程序,也为了方便后续的维护和调试,建议大家都遵从 Python 编程领域约定俗成的编码规范。

❶ 缩进

"缩进"的本意是指文本与页面边界之间的距离。在编写程序代码的时候,不同行代码的不同缩进距离,是程序代码重要的格式规范。在其他编程语言中,缩进主要起到代码结构规整和格式美观的作用。而在 Python 语言中,缩进还用于区分不同的代码块,是 Python 编程必须使用和遵守的语法要求。严格的代码缩进是 Python 语法的特色,每行代码的缩进都有逻辑上的意义。

Python 的缩进可以使用制表符(键盘 Tab 键),也可以使用空格,Python 本身并没有限制缩进量的多少和缩进空格的数量。通常Python编程规范建议使用4个空格作为一个缩进层次，缩进空格的数量要在整个程序代码中保持一致。制表符和空格的缩进不能混用，有很多IDE和代码编辑器都提供制表符和空格的自动转换。

　　为了示范代码的缩进，我们在这里需要用到几个新的概念：变量、条件判断语句和运算符。就像我们学习人类语言一样，只要有用到的知识就开始学习：

　　变量　"变量"这个名字，是相对于字符串和数字这种不会发生变化的"常量"来说的。变量相当于一个容器，是编程中用于存放数据的空间，我们可以给变量赋值，让它存放一个字符串或者一个数字等。因为这个赋值可以发生变化，变量的值在不同时间不同情况下，可能随着程序的运行而发生变化，也可以通过代码进行修改，所以我们把它叫作"变量"。每个变量都需要一个名字来区分，叫作"变量名"，变量是通过变量名来访问的。

　　通常来说，变量具有多种不同的数据类型，比如字符串、整数、浮点数、代表真假的布尔类型等。在Python语言中，变量无须专门定义和声明，也无须单独指定数据类型。我们直接给变量赋值就相当于定义了一个变量，变量在赋值以后才被创建，变量的数据类型取决于它所存放的数据的类型。变量是所有编程语言中最重要的基本单元，所有的程序逻辑基本都是围绕变量来实现的。

　　条件判断语句　所谓"条件判断语句"就是在程序执行的过程中，让计算机根据不同的条件进行不同操作的编程语句。比如选择条件一的时候，让计算机输出"hello, world"；选择条件二的时候，则让计算机输出"hello, Python"。在代码实现上，就是判断不同的条件，分别编写不同的执行语句。

　　跟绝大部分编程语言一样，Python的条件判断语句是通过关键词if和else来实现的。这两个英文单词的意思简单明了，在程序中的意义就是：如果满足某个条件，就执行什么操作；否则，就执行另外的操作。条件判断语句的基本形式如下（图4-16）：

　　在图4-16中，如果判断条件满足，就执行代码块一的语句；如果判断条件不满足，则执行代码块二的语句。需要注意的是，if和else语句的最后都要添加一个冒号，不能缺少。另外else语句及其后面的代码块不是必需的，可以只存在if语句及其代码块。在没有else语句的情况下，满足判断条件执行if下面的代码块，不满足条件的就什么都不做。

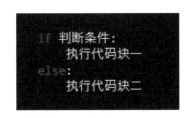

```
if 判断条件：
    执行代码块一
else：
    执行代码块二
```

图4-16

　　条件判断语句用于控制Python程序的执行，程序运行到条件语句就会判断并选择代码执行的方向。条件判断是编程中最重要和最基本的逻辑过程，甚至我们可以说，所有的程序本质上就是由一系列if和else语句构成的。

赋值和比较运算符　在编程语言中有多种运算符，运算符基本的功能是对变量和常量进行处理和运算。我们先来学习目前需要用到的两种运算符：赋值运算符是给变量赋值，把一个数据存放到变量所在的内存空间；比较运算符用于比较变量、常量或表达式，在概念上跟数学中的比较符号基本相同。

等号是最基础的赋值运算符，既可以直接将右侧的值存入左侧的变量，也可以在右侧进行某些运算后再赋值给左侧的变量。比如赋值语句"a=2"，它的功能就是把2这个值存放到a这个变量中，a是这个变量的名字。语句"a=b+c"的功能，就是把变量b和c相加的结果赋值给变量a。

比较运算符也被称为"关系运算符"，顾名思义就是用来比较运算符两侧关系的运算符。如果比较运算符两侧的关系满足要求，则判断条件成立，否则条件就不成立。Python中常用的比较运算符及其说明如下：

== 等于，比较两侧的值是否相等

!= 不等于，比较两侧的值是否不相等

> 大于，比较左侧的值是否大于右侧的值

< 小于，比较左侧的值是否小于右侧的值

>= 大于等于，比较左侧的值是否大于或者等于右侧的值

<= 小于等于，比较左侧的值是否小于或者等于右侧的值

这里要特别提示大家注意赋值运算符"="和关系运算符"=="的区别！前者是给变量赋值，后者是比较是否相同。对于这两个符号，就连资深的程序员都会经常犯错，主要是在书写if语句的时候，一不小心就把"=="写成"="，造成条件判断语句没有实现编程设计的要求。

学习了变量、条件判断语句和运算符，我们一起来看看Python代码缩进的例子（图4-17）。

在图4-17的代码中，var是一个变量，首先给它赋了"喜欢编程"这个值，接着用条件判断语句if来判断它的值是否等于"喜欢编程"。在这个if语句成立的情况下，根据Python的缩进规则，就执行if下面的代码块，即相同缩进的两行print语句；如果变量var不等于"喜欢编程"，则会执行else下面的代码块。

需要注意的是，Python对代码的缩进要求非常严格。代码块一定要有缩进，如果没

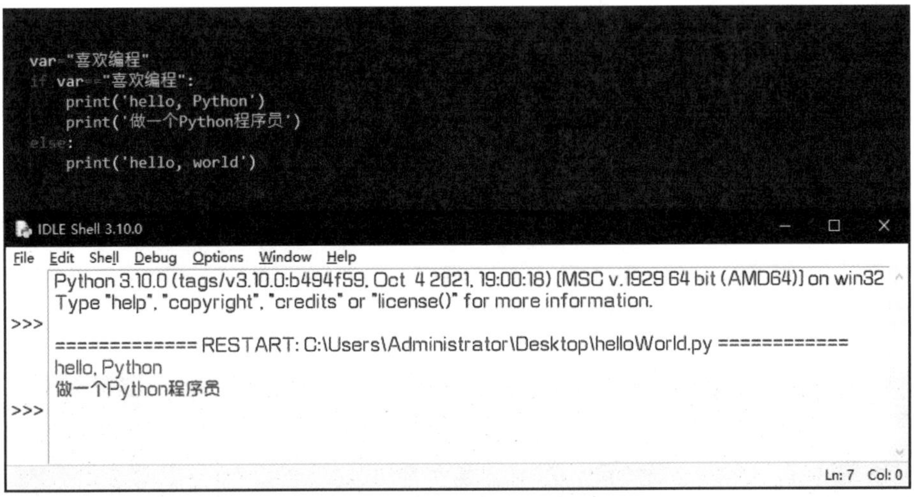

var="喜欢编程"
if var=="喜欢编程":
print('hello, Python')
print('做一个Python程序员')
else:
print('hello, world')
IDLE Shell 3.10.0
File Edit Shell Debug Options Window Help
Python 3.10.0 (tags/v3.10.0:b494f59, Oct 4 2021, 19:00:18) [MSC v.1929 64 bit (AMD64)] on win32
Type "help", "copyright", "credits" or "license()" for more information.
>>>
============= RESTART: C:\Users\Administrator\Desktop\helloWorld.py ============
hello, Python
做一个Python程序员
>>>
Ln: 7 Col: 0

图4-17

有缩进就不是代码块，if和else下面的代码块都必须缩进，而且缩进量要大于if和else语句本身。同一个代码块的所有语句都要缩进，而且缩进量必须相同，缩进量不同的语句就不属于同一个代码块，多一个或者少一个空格都不行。另外也不要随意使用缩进，不需要使用代码块的地方不要缩进。如果缩进书写出错，就可能报错或无法实现预期的运行效果。图4-18所示的是一个缩进出错的例子。在if语句下面的代码块中，两条print语句的缩进量不一致。因为两条print语句属于同一个作用域，所以运行这段代码的时候，Python解释器会报SyntaxError（语法错误）：unexpected indent（意外的缩进）。

var="喜欢编程"
if var=="喜欢编程":
print('hello, Python')
print('做一个Python程序员') # 缩进量不统一
else:
print('hello, world')
SyntaxError
unexpected indent
确定

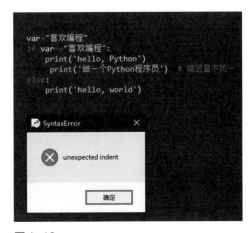

图4-18

❷ 语句

虽然Python也允许多个语句写在同一行并用分号区隔，但是不建议这样做。应尽量保证一行代码只有一条语句，执行单一的操作，表达单一的意义，这样才能让查阅代码的人能一目了然地看到清晰的步骤。

为了降低阅读的难度，每行代码的最大长度不要超过 79 个字符。虽然 Python 在语法上并没有对这一点做出限制，但是建议大家都尽量遵从这个普遍的规范，这样可以让我们在任何时候都能轻松愉快地阅读每一行代码。

如果一条语句的代码太长，在 79 个字符以内无法写完，我们也可以使用反斜杠作为续行符，将多行代码作为完整的一行语句来执行。需要注意的是，续行符反斜杠必须放在代码行的最后（图 4-19）。

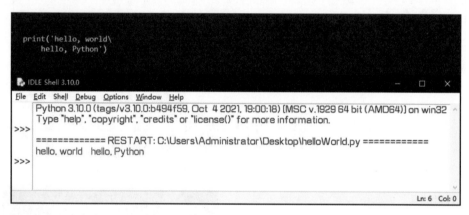

图 4-19

③ 空行

一个功能复杂、语句很多的程序源代码，如果中间没有分隔，可能无法看出清晰的代码结构和不同的功能模块，就好像一本书洋洋洒洒十几万字，中间如果没有分章节，看起来是比较累的。我们可以在必要的位置使用空行，来增加代码的可读性。

通常的规范建议：在编码格式声明、模块导入、常量和全局变量声明、函数或类的定义之间空两行，类中的方法定义之间空一行。另外在代码中，明显不同的功能模块之间也可以空一行，用以增加程序代码功能实现的节奏感。

④ 空格

为了阅读的美观，一般建议在二元操作符（对两个元素进行操作的符号）的两侧都加上一个空格，比如：赋值及增量赋值符（=、+=、-=），比较符（==、!=、<、>、<>、

<=、>=、in、not in、is、is not），布尔运算符（and、or、not）等。其中有一些符号我们还没有介绍过，这里可以暂时不管它的用法，等需要使用的时候再学习。

我们在代码中也要避免使用过多没必要的空格，请遵从以下建议：各种左括号的后面不要添加空格；各种右括号的后面不要添加空格；不要在字符串或一行代码的结尾添加空格；当指定关键字参数或默认参数值时，不要在等号两侧添加空格；不要为了对齐代码增加空格；不要用空格来垂直对齐多行间的注释，注释不需要对齐。

跟英文写作一样，不要在逗号、分号和冒号的前面添加空格，应该在它们的后面添加空格（行尾除外）。

❺ 命名

在编程语言中出现的任何变量、函数、类、模块以及其他对象，都需要一个名字，这些对象的名字统称为"标识符"。在 Python 中标识符的命名不是随意的，它不仅必须在语法上遵守一定的规则，也需要在格式上遵从通用的规范：

1）标识符的第一个字符必须是字母或下划线，第一个字符不能是数字，标识符的其他部分由字母、数字或下划线构成。

2）标识符不能使用或包含空格、@、% 以及 $ 等特殊字符。

3）标识符不能跟 Python 语言的保留字（语法中已经被赋予特定意义的单词）相同，比如我们之前介绍条件判断语句用到的 if 和 else 关键字，都不能用作标识符。我们可以通过 import keyword 和 keyword.kwlist 语句来查询 Python 语言定义的所有保留字（图4-20）：

```
Python 3.10.0 (tags/v3.10.0:b494f59, Oct 4 2021, 19:00:18) [MSC v.1929 64 bit (AMD64)] on win32
Type "help", "copyright", "credits" or "license()" for more information.
>>> import keyword
>>> keyword.kwlist
['False', 'None', 'True', 'and', 'as', 'assert', 'async', 'await', 'break', 'class', 'continue', 'def', 'del', 'e
lif', 'else', 'except', 'finally', 'for', 'from', 'global', 'if', 'import', 'in', 'is', 'lambda', 'nonlocal', 'not', 'or',
'pass', 'raise', 'return', 'try', 'while', 'with', 'yield']
>>>
```

图4-20

4）标识符中的字母是严格区分大小写的，如果大小写格式不一样，就是不同的标识符。

5）虽然 Python 本身允许使用中文作为标识符，但作为编程领域的习惯，同时为了避免意外的编码错误，强烈建议大家在任何时候都不要使用汉字作为标识符。

6）除了某些情况下的计数器和迭代器，应避免使用单字母作为标识符。特别不要使用 l（小写的 L）、O（大写的 O）、I（大写的 i）等容易混淆的字母作为单字符的标识符，它们在很多字体中都与数字 1 和 0 不容易区分。

7）除非特定场景的需要，应避免使用下划线作为标识符的第一个字符。在 Python 语言中，以下划线作为开头和结尾的标识符通常具有特殊的意义：以单下划线开头的标识符表示不能直接访问的类属性；以双下划线开头的标识符表示类的私有成员；以双下划线开头并以双下划线结尾的标识符是 Python 中特殊方法的专用标识符。

8）尽量给标识符起一个有意义的名字，采用描述性的命名规则，使用英文单词及其组合，通过标识符名称就能大概知道它的作用。比如变量名告诉我们它存放的是什么，函数名告诉我们函数实现的主要功能。

9）常量应使用全大写字母命名，如名称中包含多个英文单词，单词之间通过下划线来分隔，比如：GLOBAL_VAR_NAME。

10）变量和函数的命名使用小写字母，英文单词之间也使用下划线分隔，比如：my_example_function。

11）类的命名应采用首字母大写的单词串，类名的首字母和名称中每个单词的首字母都用大写，比如：MyClass。

12）模块和包的命名应尽量简短，全部使用小写字母，尽量不使用下划线。

❻ Python 的类、模块、包、库

我们在上面介绍相关知识的过程中，经常提到类、模块、包、库的名称和概念，可能有些读者分不清楚它们之间的区别。为便于理解，我们在这里作对比说明：

类（class）　面向对象编程的基础，是用来描述具有相同属性和方法的对象集合。"类"将具有相同特征的方法、属性、函数、数据和操作进行封装，以便将来复用。对象是类的实例。

模块（module）　Python 的源代码文件，每个 Python 文件就是一个独立的模块，

模块名就是Python文件的文件名。模块里可以定义各种变量、函数、类和执行代码，需要在其他程序中使用这些功能时，直接导入这个模块，就可以重用这些函数和变量。Python的模块也分为内置标准模块、第三方模块和自定义模块。将一个大型程序项目分成不同的模块进行管理，可以有效地避免变量或函数重名所引起的冲突。

　　包（package）　由功能相关的模块组成，包是多个模块的集合。包可以理解为文件夹或目录，这个文件夹里面存放着多个模块文件，方便对多个模块进行整合调用和管理。包既可以包含模块，也可以包含其他子包。使用包的方式跟模块类似，可以在别的程序中导入包，也可以导入包中的部分模块。

　　库（library）　如果模块和包是实际存放的程序文件形式，那么库则是逻辑层面的功能模块集合。模块和包都可以叫作库，一个库可以包含很多个包和若干个模块。Python具有功能强大的标准库和广泛丰富的第三方库。

调试 Python 程序

我们已经学会了如何编写代码和运行 Python 程序，但在运行程序的过程中总会遇到各种各样的问题和错误，这时就需要对程序进行调试。在前面的章节中我们已经介绍过计算机程序调试的概念和思维，调试也是 Python 编程过程中最重要的环节之一。这一节我们具体介绍在 Python 中对程序进行调试的几种方法，其中有些方法可能暂时用不到，我们简单了解一下即可。

❶ 输出显示 print

程序调试的过程，最重要的是定位问题所在的代码和显示程序运行的状态。而在代码中指定的位置使用 print 函数，就能直观地显示出当前程序变量等运行的信息。使用 print 函数输出显示是最简单易懂的程序调试方法，非常方便有效也特别适合初学者使用。一般来说，当程序运行碰到问题，或没有达到预期效果，我们只需要在代码中可能出现问题的位置，添加一条 print 语句，输出显示调试信息，比如当前变量的值。然后根据显示的信息来查看程序运行的状态，分析并找出出现问题的原因。我们通过一段程序来举例说明（图 4-21）：

这段程序的本意是想通过判断变量 var 的值之后输出文字"做一个 Python 程序员"，但是程序运行的结果并没有输出我们想要的内容。所以我们在判断语句之前添加了一个 print 语句来显示变量 var 的值，可以看到这时 var 值并不等于判断条件"喜欢编程"，所以无法得到我们想要的结果。找到问题之后，只需要修改变量 var 的赋值就可以在结果中输出我们想要的内容，这样通过 print 函数的调试就解决了问题。

但是通过 print 函数来调试程序也有缺点：首先是在调试时需要在代码中添加 print 语句，这就改变了源代码的内容，当需调试的位置较多时程序里可能充斥着额外的 print 语句，而且在运行结果中输出的调试信息跟正常的程序输出显示混合在一起，最后在调

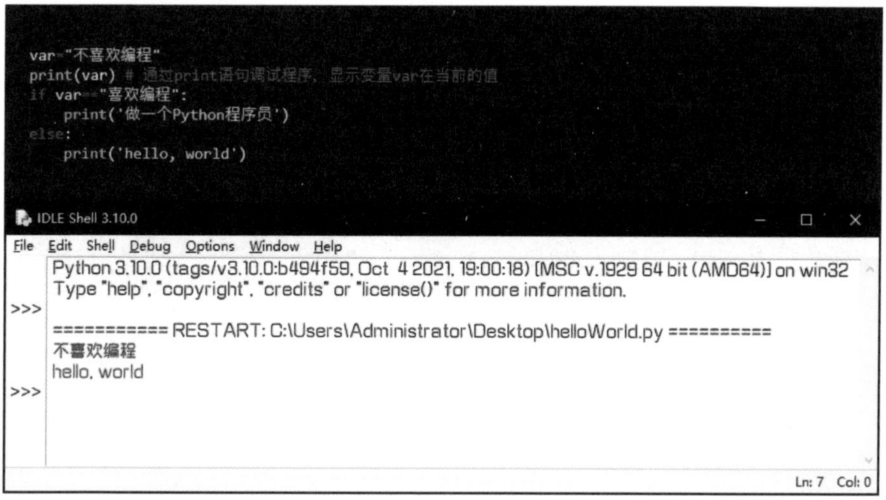

图4-21

试结束后还需要逐一删除或将 print 语句作为注释。另外在对大型的程序项目进行调试的时候，源代码可能很长，需要多次添加 print 语句来逐步缩小代码范围，整个调试过程可能需要重复很多次才能锁定问题，这个操作比较费时费力。

❷ 断言 assert

凡是用 print 函数来调试的地方，都可以用断言 assert 代替。在 Python 中，断言 assert 用于判断一个表达式，在表达式条件不满足的时候触发异常并返回错误。断言 assert 的语法格式是：assert 判断条件表达式, '显示的错误信息'。其中，"'显示的错误信息'"部分是可以省略的。assert 语句的实际意义是，程序运行到这个地方表达式的条件应该得到满足，否则程序继续运行就会出错或者不会得到正确的结果。示例程序如图 4-22：

在示例程序中，断言 assert 语句的判断条件不满足，就触发了 AssertionError 异常并抛出错误信息显示，同时程序终止执行。跟 print 语句相比，assert 在程序运行正常且变量的值正常的情况下调试，不会输出显示额外的垃圾信息，这样在调试结束后就不用像 print 一样去删除 assert 语句了。

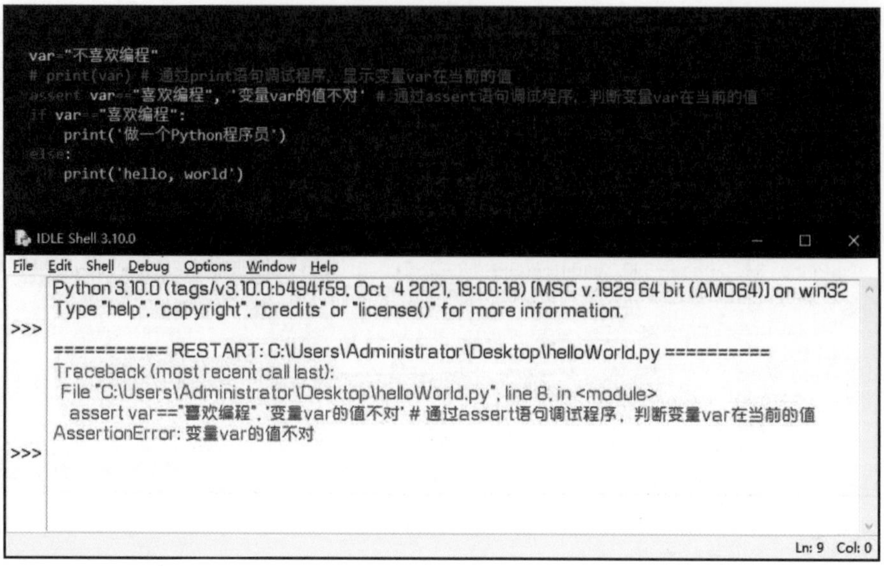

图4-22

❸ 日志 logging

日志是软件运行过程中对事件的记录，软件开发人员通过在程序中加入日志来记录运行的状态、环境信息和用户的操作行为等。对日志进行分析，可以方便用户查看软件运行的情况，也方便程序员查找和定位程序中存在的问题。因此，日志也是进行程序调试的重要手段之一。Python 标准库中自带的 logging 模块提供了一套通用的日志系统，方便程序员设置和记录。

为了试用日志调试功能，需要先学习一个 Python 编程的重要操作"导入"。在前面介绍函数的时候我们曾经提到，Python 的内置函数在编程时可以直接调用。内置函数是 Python 解释器的一部分，它随着 Python 解释器的启动同时生效，这些函数可以直接使用而不需要导入某个模块。但除了内置函数，Python 的标准库函数和第三方库都不会随着解释器的启动而启动，要想使用这些外部扩展，必须提前导入对应的模块。另外自己编写的 Python 源文件，如果要在别的程序中使用，也需要进行导入。

在 Python 语言中，导入模块和包的方法是使用 import 语句。import 语句最简单的语法结构是"import 模块名"，使用这种语法格式会导入指定模块中的所有成员（包括所有的变量、函数、类等）。导入语句需要放在程序代码顶部的最前面，语句中的模块名需要省略文件的后缀名 .py。我们通过一个例子来演示 import 语句的用法：

第一个程序文件 helloWorld.py 的代码是：

print('hello, world')

第二个程序文件 helloPython.py 的代码是：

import helloWorld

print('hello, Python')

运行第二个程序 helloPython.py，显示的结果如下（图 4-23）：

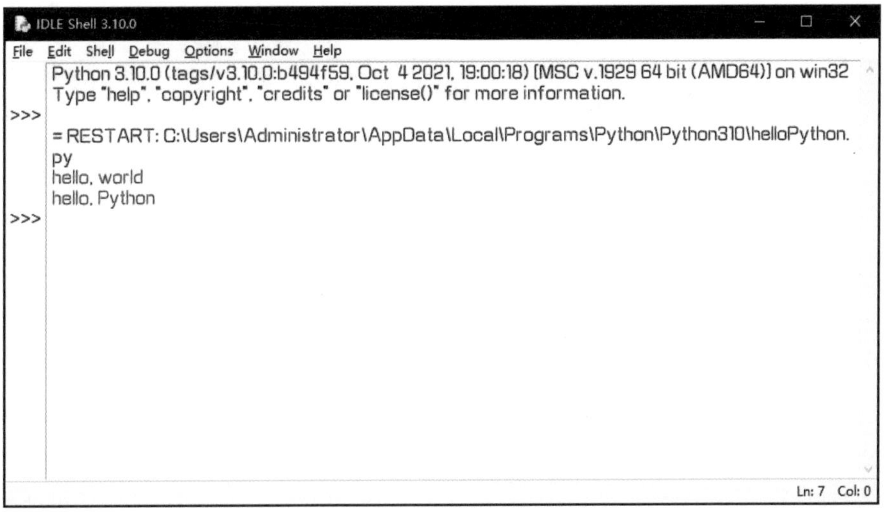

图 4-23

在上面的例子中，输出 "hello, world" 的功能本来编写在第一个程序中，而第二个程序中只编写了输出 "hello, Python" 的语句，但我们通过 import 将第一个程序导入第二个程序中。这样虽然我们仅仅运行了第二个程序，但同时执行了第一个程序的功能代码。

除了上面介绍的方法，import 还有很多详细及多样的用法，比如一次性导入多个模块、导入模块时为模块指定别名、只导入模块中的部分成员等。因为我们目前暂时用不到，所以这里不再赘述。

学习了 import 导入模块的基本方法后，我们再来看看使用日志 logging 进行调试的例子。因为 logging 不是内置函数，所以在代码开始的地方需要先进行导入（图 4-24）：

第一行代码使用最简单的方式导入 logging 模块，当使用模块中的成员时，需要用该模块的名字 logging 作为前缀来进行访问。代码中 logging.warning 语句的功能，就是在

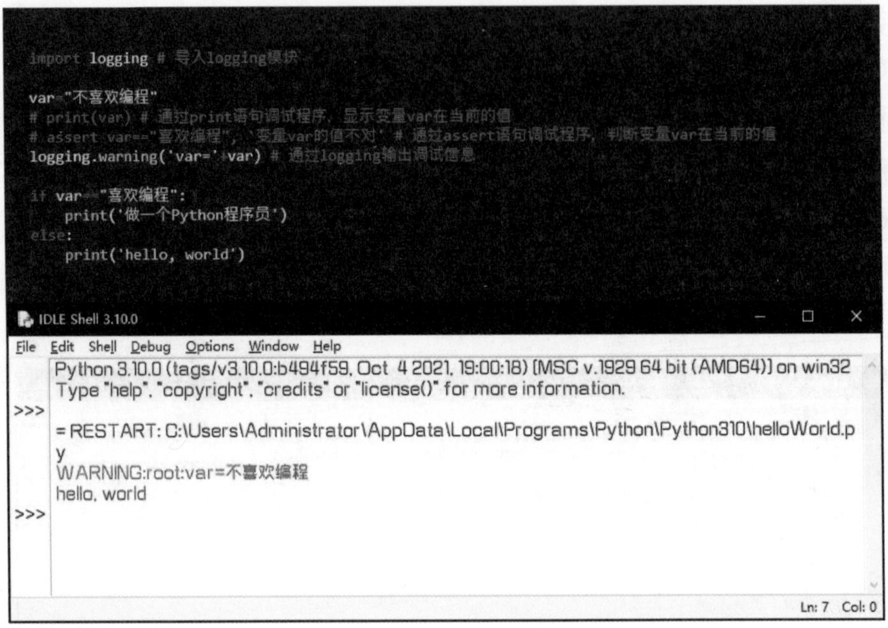

图4-24

程序运行中输出日志信息，这里的warning是日志的一个级别。Python标准库日志模块
一共分成五个级别，从高到低分别是 CRITICAL、ERROR、WARNING、INFO、DEBUG，
默认的级别是warning，默认情况下低于warning级别的日志不会输出。我们可以通过设
置来修改需要输出的日志级别，比如在程序调试时使用较低的级别来显示详细的调试信
息，而在程序正式发布时调高日志的输出级别，屏蔽掉大量的调试信息。这样我们在程
序调试结束后就无须逐一去删除或屏蔽每一处输出日志的代码，只要统一调整日志的级
别进行控制就可以了。

除了上述最简单的日志输出方式，还可以详细设置日志内容输出的格式，这些内容
等我们需要使用的时候再详细介绍。相较于 print 和 assert 两种调试方法，日志 logging
除了可以将调试信息输出到程序运行的控制台（交互式编程环境），还可以输出到文件或
网络，而且 logging 不会抛出错误，也不会中断程序运行。

❹ 跟踪 trace

我们在调试程序的时候，有时候想要看看实际执行了哪些语句，比如根据条件判断
到底执行的是满足哪种条件的代码。Python标准库中的跟踪 trace 模块，可以输出程序

运行过程中执行过的所有语句，我们可以据此对代码进行逐行检查。要使用trace进行调试，需要在系统的指令行窗口中，以下列语句来运行Python程序文件：python -m trace --trace helloWorld.py。该指令使用trace模块来执行helloWorld这个Python文件，运行的效果如下（图4-25）：

```
C:\WINDOWS\system32\cmd.exe

C:\Users\Administrator\Desktop>python -m trace --trace helloWorld.py
 --- modulename: helloWorld, funcname: <module>
helloWorld.py(1): var="不喜欢编程"
helloWorld.py(2): if var=="喜欢编程":
helloWorld.py(5):       print('hello, world')
hello, world
```

图4-25

跟踪trace并不适合对大型的项目程序进行全程调试，因为它在运行过程中会产生大量的输出，程序执行过的每一行代码都会被显示出来。但它作为调试的一种特有形式，可以对小型程序或大型项目的部分模块进行代码梳理，生成一份清晰的程序运行报告。

❺　调试器 pdb

Python标准库内置了一个名叫"pdb"的调试器，它以交互的方式提供了绝大多数常用的调试功能，包括单步运行、设置断点、查看代码、进入函数、堆栈帧数据检查、动态改变变量值等。调用pdb工具进行调试的方式有两种：一是在系统的指令行窗口中通过python -m pdb helloWorld.py这一语句来运行程序文件，指令执行后将启动pdb调试器，进入调试模式；二是先在代码的开头导入模块import pdb，然后在程序中有需要的地方通过语句pdb.set_trace（）设置一个断点，当执行到pdb.set_trace（）语句时就会暂停并进入pdb调试环境（图4-26）。

不管用哪种方式启动调试器，在进入pdb调试模式后，都可以使用以下常用的指令进行调试操作：

l（list）：查看当前行的代码段

n（next）：单步执行下一行代码

c（continue）：继续执行完剩下的程序代码

图4-26

s（step）：进入函数内部单步执行

b（break）：设置断点

p 变量名：查看变量

j 行数：跳转到某一行执行

h（help）：显示帮助

q（quit）：结束调试并退出程序

❻ IDE 调试

前面介绍的几种程序调试方式，功能比较简单，本质上都是输出后进行人工分析，而pdb调试器的指令行调试方式又太麻烦了，最后我们来介绍IDE集成开发环境调试。使用IDE来调试Python程序，功能更加强大，操作更加方便。前文中我们介绍过的几种主流IDE，比如Visual Studio、PyCharm、Eclipse等，都支持Python调试功能，当然Python自带的集成开发环境IDLE也不例外。

使用IDLE进行程序调试的基本方法是：运行IDLE之后，在其主窗口点击菜单"Debug-Debugger"，就可以打开Debug Control调试窗口，同时IDLE的主窗口中会显示"[DEBUG ON]"的字样，表示当前处于调试状态。然后我们再按之前介绍的方法在IDLE中运行需要调试的Python程序文件，这时Debug Control窗口中就会显示出该程序的执行状态和变量信息等（图4-27）。

利用Debug Control窗口界面所提供的调试工具栏可进行图形化调试操作，相比pdb的指令行调试方式就友好多了。五个操作按钮的功能如下：

Go：执行至程序结束或下一个断点

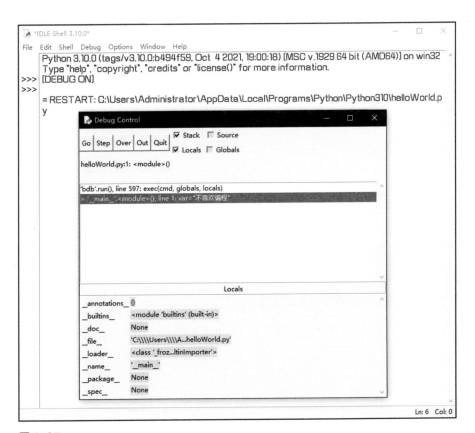

图4-27

Step：单步执行，会进入函数

Over：单步执行，会跳过函数

Out：从当前进入的函数返回

Quit：结束调试并终止程序

在调试任何程序的过程中，向代码中添加断点都是最常用的基本操作。如果我们想要查看程序运行到某行代码时某些变量的值，就可以在该行代码的位置添加一个断点。在IDLE中向代码添加断点的方法是：首先打开要调试的程序源文件，在想添加断点的代码行点击鼠标右键，在弹出的快捷菜单中选择"Set Breakpoint"，就在该位置添加了一个断点，同时该代码行的背景颜色会变成黄色；同理，清除已添加断点的操作方法，则是在右键菜单中选择"Clear Breakpoint"。添加和删除断点的操作如下（图4-28）：

图4-28

虽然使用IDE调试程序既方便又强大，但我们也不要忽视print和logging等方法的重要性。简便的方法更容易上手，输出显示更加直观还能保存日志。事实上，很多资深的老程序员，一直是用日志等方法来调试程序的。

第 **5** 章

Python
开发实践

你好，
Python

5.1　用 Python 抓取网络资料

Hello, Python!

　　通过前面的章节，我们已经了解了 Python 的基础知识，学会了搭建 Python 的开发环境，也尝试编写 Python 的入门程序，还学习了 Python 编程的规范，掌握了 Python 程序的运行调试方法。但读万卷书还得行万里路，我们学习 Python 就是要用 Python 编程来解决我们工作生活学业中的实际问题，所以本章将通过几个经典案例，帮助大家进行 Python 开发项目的实践。这些案例本身就能在真实的业务环境中使用，通过案例的实践开发，大家也能掌握开发其他项目的方法和步骤。

　　第一个实践项目，首先来尝试一下 Python 应用的拿手好戏——"网络爬虫"！它是我们在工作和学习中从互联网获取信息的非常有用的手段。所谓"网络爬虫"，也叫"网络蜘蛛"，是通过编程开发的程序，它可以自动去互联网上抓取地址、信息、数据和图片等资料。顾名思义，互联网就是一张巨大的信息网络，我们的程序就像擅长织网的蜘蛛，在这个信息网络中抓取数据资料。我们平时经常使用的搜索引擎，比如百度，就是一种超级强大的"网络爬虫"，夜以继日不知疲倦地在互联网上收集信息，然后供我们搜索和查找。互联网上的信息和资料浩如烟海，我们要去网上查找信息和收集资料一般都比较耗费时间和精力，而找到有用的信息后要保存下来又是一件更加费时费力的工作。如果我们学会自己开发"网络爬虫"，它就可以帮我们自动去网上查找信息，也可以自动提取网页中我们想要的那部分内容，还可以帮我们自动保存到本地的文件中，那就大大节省了我们的时间和精力。下面这个实践案例的功能，就是实现程序自动抓取新闻网页的数据，提取网页中的标题和文字内容，最后保存到电脑本地的 Word 文件中。

　　要实现这个抓取网络资料的程序，我们把整个程序功能分成三个部分：第一部分是访问网页地址，获取网页的数据；第二部分是解析所获取到的网页数据，提取我们所需要的资料内容；第三部分是将提取到的内容写入一个 Word 文档中，最后保存这个文件。基于这三个部分，我们就需要编写对应的程序代码，分别来实现这三个部分的功能。在其他编程语言中，要实现"网络爬虫"抓取网络资料通常是一件很麻烦的事情，需要编写大量的代码和模块来实现上面说到的三个步骤。但对于 Python 来说，其特点就是简洁且功能强大，拥有大量的标准库和第三方库可以直接调用。在这个"网络爬虫"的案例中，我们可以直接引入 3 个现成的第三方库，来分别实现获取网络数据、提取网页内容、保存到 Word 文档这三个功能模块。

在具体编写程序代码之前，依照我们学习语言使用的惯例，先来介绍这个案例程序中需要使用到的 Python 知识点。

❶ 安装第三方库

我们之前已经学习过，Python 的标准库和我们自己在本地编写的程序可以通过 import 语句来导入使用。不过对于大量的第三方库，我们安装的原生 Python 语言环境并没有包含这些库文件，所以在导入第三方库之前，需要先将它们安装到本地电脑上。在 Python 中，安装第三方库最简单的方法是用 pip。pip 是 Python 官方提供的包管理工具，通过它就可以对各种第三方库进行安装和卸载，在 Python 3.4 以后的官方版本中都自带 pip 工具。

通过 pip 安装第三方库，步骤非常简单。打开系统的指令行窗口，在其中直接输入"pip install 第三方库的名字"指令，就可以等待它自动下载第三方库并自动安装，安装完成后会有安装成功的信息显示。而卸载第三方库的方法也类似，在指令行窗口中输入"pip uninstall 第三方库的名字"指令即可。例如我们要在本案例中使用 3 个第三方库，即获取网络数据的库 requests、提取网页内容的库 beautifulsoup4、保存到 Word 文档的库 docx，通过 pip 安装的截图分别如图 5-1、图 5-2、图 5-3：

图 5-1

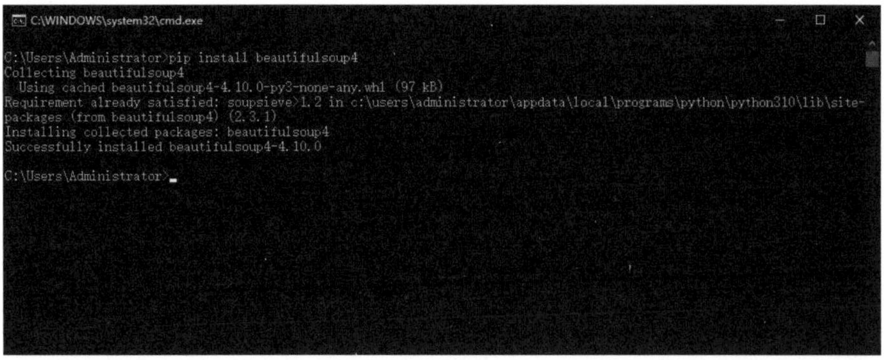

图 5-2

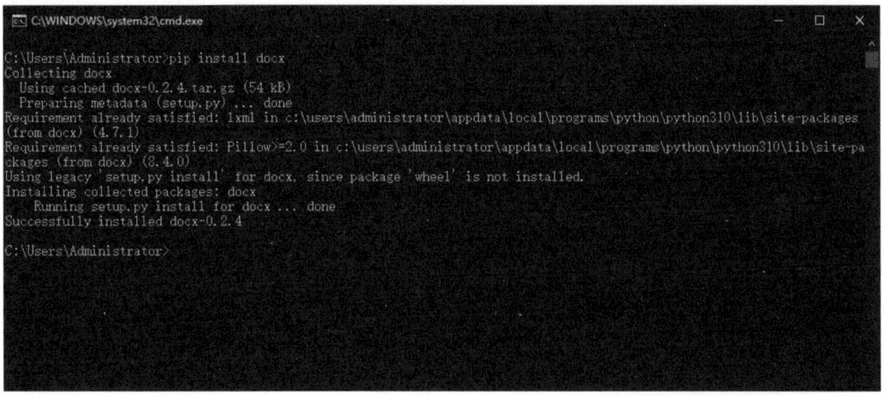

图 5-3

❷ 字典 dict

字典 dict 是 Python 的一种数据类型，主要用于存放有映射关系的数据。映射在这里指的是数据之间的对应关系，即通过一个数据找到另一个数据。一个字典可以存放很多组元素，而我们之前介绍过的变量则只能存放单个元素。字典的元素总是以键值对（key-value）的形式存放，Python 通过元素的键（key）可以快速地找到元素的值（value）。字典的键（key）通常使用字符串或整数，键必须唯一且不可变，而值（value）可以是 Python 支持的任意一种数据类型。

在 Python 中定义字典时，元素的键和值之间使用冒号分隔，每个元素之间使用逗号分隔，整个字典包括在一个大括号中，典型的格式是：dictName = {key1: value1, key2: value2, key3: value3}。而在访问字典的元素时，应使用字典名、方括号和键名来访问键值，格式是：dictName[key1]。下面是一个示例代码（图5-4）：

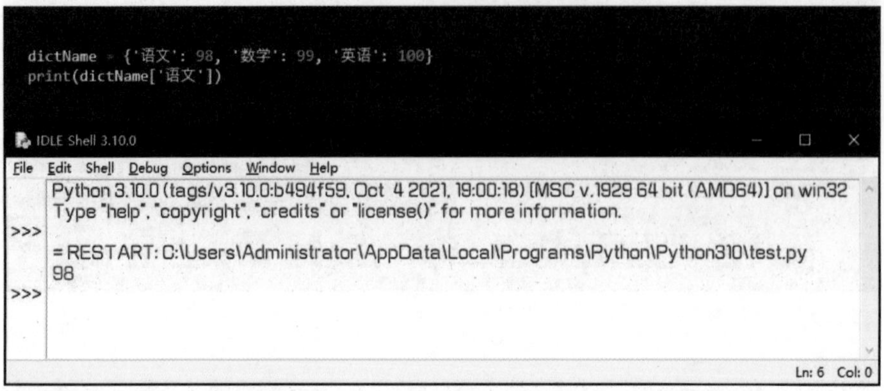

图5-4

❸　方法

前面我们已经介绍过编程中函数的相关知识，在Python中还有一个与函数类似的概念叫作"方法"。方法和函数同样都是对一段功能代码的封装，但区别是：方法是属于对象的，方法在类class中定义，只能依靠类的实例来调用。方法是实例化的函数，方法可以直接访问实例中的数据。

在本案例中，我们会使用到第三方模块中定义的方法和字符串的操作方法等。具体每个方法的说明，可以查看后面案例源代码中的注释部分。

❹　字符串拼接

所谓字符串拼接，就是把两个字符串组合在一起。我们在编程中经常会使用到类似的功能操作，比如合并两个变量的内容输出，或者在某些字符串的前后增加一些字符等。

在Python中进行字符串拼接的方法有好多种，但最简单也最清晰的方法只有一种。我们始终遵从Python编程简单直接的理论，不要去迷恋各种炫技的操作。很多其他的编程教材介绍了花里胡哨的多种方法，就好像鲁迅先生笔下的孔乙己迷恋"回字的四种写法"。我们学会这一种方法就好了，字符串拼接只用在两个需要拼接的字符串中间写上加号，格式是：strName = strName1 + strName2。示例代码如下（图5-5）：

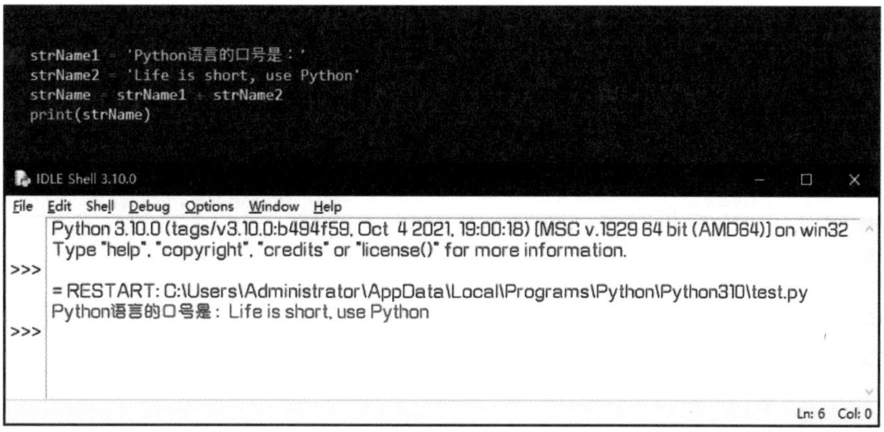

图 5-5

学习完本案例中需要用到的几个知识点，接下来我们就来具体看看这个程序实现的完整代码：

```
1   print('程序启动……')
2   # 导入第三方库
3   import requests # 获取网络数据的库
4   import bs4 # 提取网页内容的库
5   import docx # 保存到 Word 文档的库
6   print('导入第三方库成功。')


7   # 要抓取资料的网页地址
8   url = 'http://education.news.cn/2021-08/20/c_1211338275.htm'
9   print('要抓取资料的网页地址：'+url)
10  # 设置 User-Agent 字段，将爬虫伪装成浏览器，以防被网站拒绝访问
11  user_agent = 'Mozilla/5.0 (Windows NT 10.0; WOW64) AppleWebKit/537.36
    (KHTML, like Gecko) Chrome/95.0.4638.69 Safari/537.36'
12  headers = {'User-Agent': user_agent} # 定义字典
13  # 使用 requests 请求网页数据
14  resData = requests.get(url, headers=headers)
15  resData.encoding = resData.apparent_encoding # 获取网页数据真实的编码，以
    避免提取的网页内容出现乱码
```

```
16   print('获取网页数据成功。')

17   # 使用bs4解析网页的HTML数据
18   htmlData = bs4.BeautifulSoup(resData.text, 'lxml')  # 通过lxml解析器
19   print('解析网页数据成功。')
20   # 提取文章标题
21   newsTitle = htmlData.find('title')  # find()是BeautifulSoup中定义的搜索方法
22   title = newsTitle.get_text()  # get_text()也是BeautifulSoup中定义的方法,用于获
     取对象包含的所有文本内容
23   title = title.replace("\r\n", "")  # replace()是Python中的一种字符串操作方法,将
     第一个参数的字符串替换为第二个参数的字符串
24   print('提取到文章标题:'+title)
25   # 提取文章内容
26   newsContent = htmlData.find('div', id='detail')
27   content = newsContent.get_text()
28   print('提取文章内容成功。')

29   # 通过docx实例化一个Word文档
30   doc = docx.Document()
31   # 将提取到的文章标题和内容写入Word文档中
32   doc.add_paragraph(title)  # add_paragraph()是docx中添加段落的方法
33   doc.add_paragraph(content)
34   # 保存Word文档
35   fileName = title+'.docx'  # 设置文档标题和后缀名
36   doc.save(fileName)  # save()是docx中保存文档的方法
37   print('保存到Word文档:'+fileName)
38   print('程序结束！')
```

在上面代码的第3—5行，我们首先导入了需要使用到的3个第三方库。然后在第8行定义了要抓取资料的网页地址，这里我们选取了新华网的新闻网页作为例子（图5-6）。

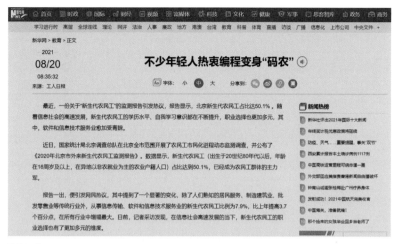

图5-6

接着通过定义字典将“爬虫”程序的参数设置为浏览器形式，第14行代码利用requests库请求网页的数据，同时获取网页的文字编码。在获取网页数据之后，我们再通过BeautifulSoup库来解析和提取网页的数据，用第20—28行代码分别提取了网页文章的标题和内容。最后我们通过docx库将提取到的网页内容写入一个Word文档中，设置文档的名字并保存到文件。

在提取文章标题时，我们查找的是网页中的title标签；提取文章的内容时，查找的是网页中的一个id为“detail”的div标签。这两个地方我们在提取不同网页的数据时，可能并不相同，需要我们针对不同的网页进行具体分析。分析的方法就是通过浏览器查看网页的源代码。我们可以看到在示例网页的源代码中，标题位于title标签中（图5-7），文章的内容位于一个id为detail的div标签中（图5-8）。

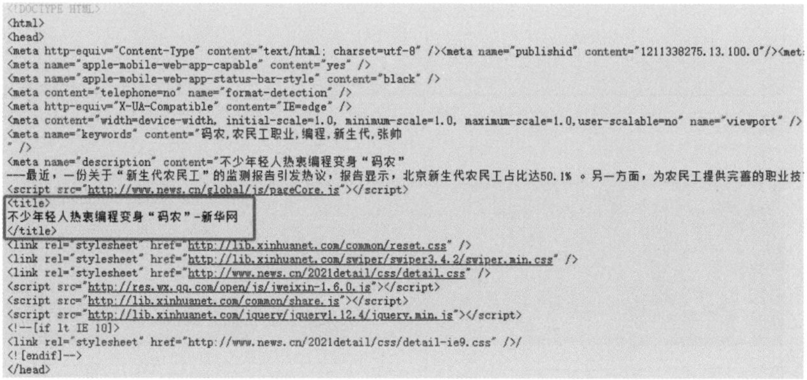

```
<!DOCTYPE HTML>
<html>
<head>
<meta http-equiv="Content-Type" content="text/html; charset=utf-8" /><meta name="publishid" content="1211338275.13.100.0"/><met
<meta name="apple-mobile-web-app-capable" content="yes" />
<meta name="apple-mobile-web-app-status-bar-style" content="black" />
<meta content="telephone=no" name="format-detection" />
<meta http-equiv="X-UA-Compatible" content="IE=edge" />
<meta content="width=device-width, initial-scale=1.0, minimum-scale=1.0, maximum-scale=1.0,user-scalable=no" name="viewport" />
<meta name="keywords" content="码农,农民工职业,编程,新生代,张帅
" />
<meta name="description" content="不少年轻人热衷编程变身“码农”
——最近，一份关于“新生代农民工”的监测报告引发热议，报告显示，北京新生代农民工占比达50.1%。另一方面，为农民工提供完善的职业技
<script src="http://www.news.cn/global/js/pageCore.js"></script>
<title>
不少年轻人热衷编程变身“码农”-新华网
</title>
<link rel="stylesheet" href="http://lib.xinhuanet.com/common/reset.css" />
<link rel="stylesheet" href="http://lib.xinhuanet.com/swiper/swiper3.4.2/swiper.min.css" />
<link rel="stylesheet" href="http://www.news.cn/2021detail/css/detail.css" />
<script src="http://res.wx.qq.com/open/js/jweixin-1.6.0.js"></script>
<script src="http://lib.xinhuanet.com/common/share.js"></script>
<script src="http://lib.xinhuanet.com/jquery/jquery1.12.4/jquery.min.js"></script>
<!--[if lt IE 10]>
<link rel="stylesheet" href="http://www.news.cn/2021detail/css/detail-ie9.css" />/
<![endif]-->
</head>
```

图5-7

```
<div class="main clearfix">
<div class="main-left left">
<div id="detail">
<p>    最近，一份关于"新生代农民工"的监测报告引发热议，报告显示，北京新生代农民工占比达50.1%。随着信息社会的高速发展，新生代农民工的学历水平、自
<p>    近日，国家统计局北京调查总队在北京全市范围开展了农民工市民化进程动态监测调查，并公布了《2020年北京市外来新生代农民工监测报告》。数据显示，新
<p>    报告一出，便引发网民热议，其中提到了一个显著的变化，除了人们熟知的居民服务、制造建筑业、批发零售业等传统行业外，从事信息传输、软件和信息技术
<p><strong><font color="#333399">    新生代"码农"</font></strong></p>
<p>    "方向不对，努力白费。"这是26岁的张帅对于年轻人选择职业的看法。在山西某本科学校学习软件工程的他，临毕业时决定到北京找工作，如今已经在某中型
<p>    出生在山西农村的张帅从小跟着父母在老家种地，他表示，在自己小时候的意识里，曾觉得种地比当老师还要挣钱。然而，随着自己不断成长，接受更多的学校
<p>    和张帅同属一家公司的陈晓今年刚满30岁，已经是一名奶爸，每天除了工作之外，还要照顾妻子和孩子。除去基本的生活开销，每月剩余的工资还要打给远在陕
<p>    "人嘛，就要不断往前闯。"陈晓之前曾在广州创业做化妆品生意，但因没有成熟的互联网推销模式最终失败，辗转多地后最终来到北京工作。在他看来，身为
<p><strong><font color="#333399">    自我提升和赚钱同等重要</font></strong></p>
<p>    高薪资的背后，则需要长时间、高强度的付出。陈晓每天的工作时间为早8晚7，周末偶尔的休息时间还要用来陪伴孩子。为了尽可能节省房租，他把房子租在了
<p>    即便如此辛劳，乐于学习的陈晓也会在通勤的时间中拿起手机看看技术类的短视频，学习一些前沿的编程代码知识。刚入职时，他还参加过考研培训班，尝试提
<p>    和陈晓一样有强烈学习意愿的新生代农民工不占少数。据7月20日发布的《2021新生代农民工职业技能调研报告》显示，69.1%的95后新生代农民工渴望获得职业
<p>    对于不少新生代农民工而言，自我提升和赚钱同等重要。如今从事数据库管理与维护的李倩就向记者表示："技术更新太快了，必须要不断学习才行。"刚入职
<p>    对外经济贸易大学教育与开放经济研究中心副研究员陈建伟表示，对于新生代农民工来说，尤其是95后农民工，如果职业技能没有随着产业升级、数字化升级而
<p><strong><font color="#333399">    学历更高，选择也更多样</font></strong></p>
<p>    报告显示，除了从事信息技术服务的新生代农民工占比增幅最大外，新生代农民工的学历水平也在发生变化，大学本科以上学历占比为21.2%，比上年提高7.9个
<p>    27岁的刘洋就是这1.2%中的一份子，目前在北京就读研究生的他希望未来能够回到河南老家从事教师工作。刘洋告诉记者："现在最要紧的是磨炼自己，具备足
<p>    除了学习技术之外，陈晓也对未来有自己的规划："互联网行业具有不稳定性，将来考虑回到家乡开办养殖场，现代化的科技农业也有不错的发展前景。"</p>
<p>    李倩已经在北京打拼了5年，对于自己目前的生活方式和状态都还比较适应。"我受过高等教育，在思维方式上和父母不同，我更渴望通过自己的努力来把握自己
<p>    对外经济贸易大学教育与开放经济研究中心研究员苏丽锋表示，如今，随着越来越多数字化新职业被人社部纳入国家职业分类目录，从业者可通过职称考试来获
<div id="articleEdit">
<span class="tiyi1 domPC">
<a href="javascript:void(0);" class="advise">【纠错】</a>
<div class="tiyi01" id="advisebox01" style="display:none">
<div>
<iframe id="jc_link1" style="width:600px;height:350px; float:left;" border="0" marginwidth="0" framespacing="0" marginheight="0" frameborder="0" no
</div>
<div class="tiyi03">
<div id="jc_close1" style="cursor:pointer"><img src="http://www.xinhuanet.com/images/syicon/space.gif" width="24" height="24" border="0" />
</div>
</div>
</div>
</span>
<span class="editor">
【责任编辑:孙亚宁
】
</span>
</div>
```

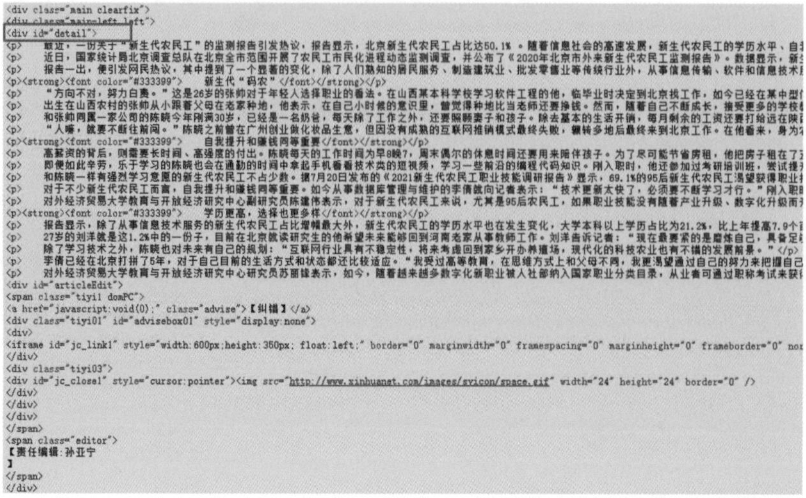

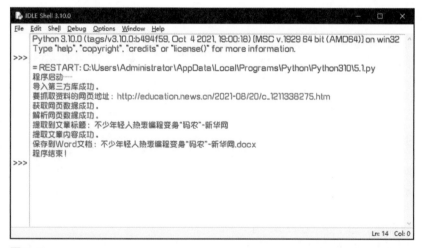

图5-8

完成代码的书写和检查之后，在Python中程序运行的显示效果以及生成的Word文档如下（图5-9、图5-10、图5-11）：

图5-9

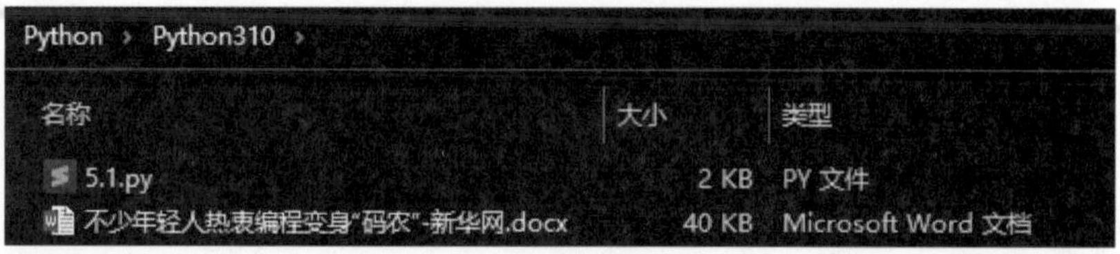

图5-10

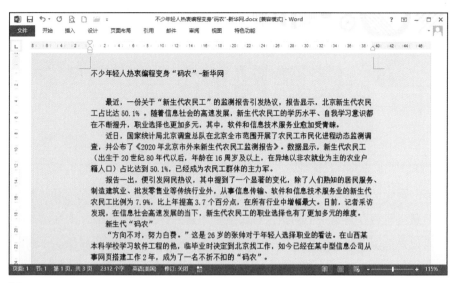

图 5-11

　　至此，我们通过 Python 编写的"网络爬虫"程序，获取网页数据并保存到文档的操作就全部完成了。整个程序的代码只有三十多行，而且结构简单、代码清晰，没有复杂的算法和程序逻辑，也没有晦涩难懂的大量语句。如果去掉我们用于说明的注释和程序运行的状态显示，整个程序甚至只需要十几行代码，就实现了"网络爬虫"功能，这在其他程序编程语言中几乎是不可想象的！这就是 Python 的魅力，简单而强大，站在巨人的肩上去实现自己的程序梦想，让我们通过后续的项目实践来继续 Python 之旅。

5.2

用 Python
搭建网站

本节的案例是用 Python 搭建网站。在互联网时代，拥有一个自己的网站是很多人的梦想，但是自己独立开发一个网站，看起来并不是一件简单的事情。网站是存在于互联网上，可以通过浏览器访问的一系列网页的组合。从技术上来说，搭建一个网站首先需要注册一个域名，然后将这个域名指向一个网络 IP 地址，也就是指向一台网络服务器，所以我们还需要购买或租用一台云主机；接着在云主机上安装和搭建 Web 服务器软件（比如 Apache 和 IIS 等），也就是为网站访问提供服务的环境，同时根据我们需要的内容开发网站的页面和程序；最后将这些网页程序文件发布到 Web 服务器环境中，用户就可以通过最初注册的网站域名打开和访问我们的网站。整个过程说起来还是挺麻烦的，但域名、云主机、服务器软件等都属于网站运营维护的范畴，对于我们程序开发人员来说，只需要关注网站页面和程序的开发。而且我们可以在下文中看到，用 Python 进行网站开发，其实是可以省略 Web 服务器软件环境的安装配置环节的，这也是用 Python 搭建网站的优势之一。学会了网站开发，我们可以为单位和个人搭建网站，以方便进行品牌宣传、信息传播、知识共享和业务处理等。在本节的实践案例中，我们用 Python 所创建的 Web 服务器环境、所开发的简单的网页，能够显示文字和图片，可以通过网页浏览器正常访问和打开网站。

要实现这个网站的搭建，我们同样要借助 Python 快速开发的强大优势，选择使用当前 Python 开发中最流行和稳定的 Web 应用框架 Django，该框架是免费和开源的。基于 Django 框架，完成本案例的网站搭建开发，具体分成以下几个步骤：第一步是在 Python 中安装 Django 框架这个第三方库；第二步是在 Django 中创建网站项目，并运行网站服务；第三步是新建网页，在网页中添加文字和图片显示；第四步是对网页进行参数配置，实现网页的正常访问。

在具体开发网站之前，依照我们学习 Python 的惯例，先来介绍这个案例中需要使用到的 Python 知识点：

❶ Django 框架

Django 是一个基于 Python 的 Web 开发框架。Django 本身是一个 MTV 模式的框架（模型 Model、模板 Template、视图 View），能够方便和快速地开发出满足绝大多数功能需求的网站。如果不使用框架，直接用 Python 语言从头开发网站其实也是一件挺麻烦的工作。在 Django 等 Web 框架出现之后，开发人员只需要书写很少的代码，就可以轻松地实现一个正式网站的全部功能。Web 框架本质上是一套 Python 的程序组件，它提供了通用的设计模式和可以复用的模块，最大程度地降低程序员开发网站的难度，其设计的目标就是使复杂的工作变得简单。

Django 诞生于 2003 年，于 2008 年发布第一个正式版本。它最初是被开发用来管理新闻内容网站，后来逐步发展成为一个开源软件。Python 有多种不同的 Web 框架，但 Django 是其中最有代表性的一个，许多流行的网站都是基于 Django 框架开发的。相较于 Python 的其他框架，Django 的功能最完整，它设计定义了 Web 开发中模板编程、数据处理、服务发布、路由映射等一整套功能。在 Python 语言炙手可热的今天，Django 框架也迅速崛起，在 Web 开发领域占有一席之地，已成为 Web 开发中最流行的框架之一。

Django 作为 Web 框架的特点和优势是：完善的功能，大量的工具，丰富的模板，强大的数据库，灵活的路由系统，自带后台管理应用，完整的错误信息提示，部署快捷方便，等等。此外，经过多年的发展和修订，Django 官方提供了完善的在线帮助文档，可以为开发者的学习入门和解决问题提供有力的支持。

❷ HTML 标签

HTML 是指超文本标记语言（Hyper Text Markup Language），它是用来描述网页的一种语言。所谓"超文本"，意思就是不只有文本，还有包含链接、图片、音频、视频，甚至程序等其他元素。HTML 并不是一种编程语言，而是一种标记语言。HTML 语言通过标记式的指令，按一定的规则描述网页要显示的内容，一个 HTML 文档就是一个静态的网页文件。而我们所使用的网页浏览器，能够读取和解析 HTML 文件，并以网页的形式显示出来。

标记语言是一套标记标签系统，HTML 语言通过一系列的 HTML 标签来描述网页。

HTML 标签是 HTML 语言最基本的单位，它统一了网页文档的格式规范。HTML 标签是由尖括号包围起来的关键词，标签通常是成对出现的。标签对中的第一个标签是开始标签，第二个标签是结束标签。例如<a>标签定义超链接，<h1>到<h6>标签定义从大到小的标题，<p>标签定义段落，<div>标签定义一个区块，<img>标签用来插入一张图片。

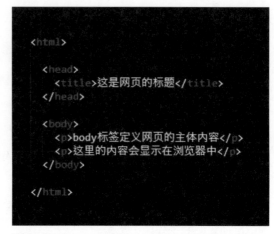

图5-12

图 5-12 所示是一个简单的 HTML 页面文件例子：其中<html>标签告知浏览器这是一个 HTML 文档，<head>标签用于定义文档的头部，<title>标签定义网页的标题，<body>标签定义网页的主体内容。

将这个 HTML 文档在网页浏览器中打开后显示效果如下（图5-13）：

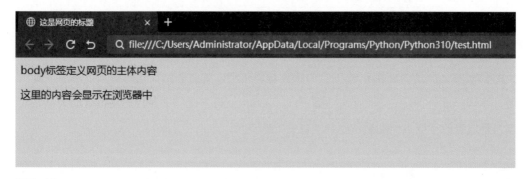

图5-13

学习完本案例中需要用到的几个知识点，接下来我们就来实际操作用 Python 搭建网站的具体步骤。首先，我们需要安装 Django 框架，还是使用 pip 工具来安装第三方库，在系统的指令行窗口输入"pip install Django"指令后回车，安装截图如下（图5-14）：

安装好 Django 框架之后，接着来创建网站的项目：在系统的指令行窗口中，进入想要放置项目文件夹的目录，然后输入指令"django-admin startproject mySite"后回车。这里的 mySite 是网站项目文件夹的名字，我们可以根据自己的喜好修改。正常情况下指令执行如果没有任何报错提示，那么我们这个名叫 mySite 的网站项目就创建成功了，我

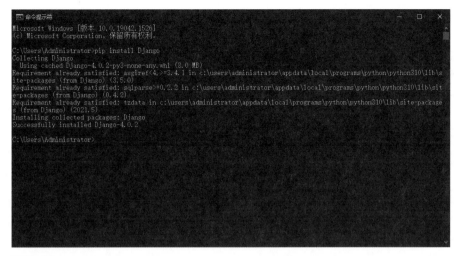

图 5-14

图 5-15

们可以在系统文件夹中找到对应名字的文件目录（图 5-15）。

　　事实上，就是上面这么简单的一句指令，我们就已经完成了第一个网站的开发创建！难以置信吗？让我们来运行我们的网站看看吧：在系统的指令行窗口中进入刚才新建的项目文件夹，也就是 mySite 目录，输入指令"python manage.py runserver"后回车（图 5-16）。该指令实际上是执行 mySite 目录下的 manage.py 程序文件，执行后 Django 就以 127.0.0.1:8000 这个默认配置启动网站服务器。

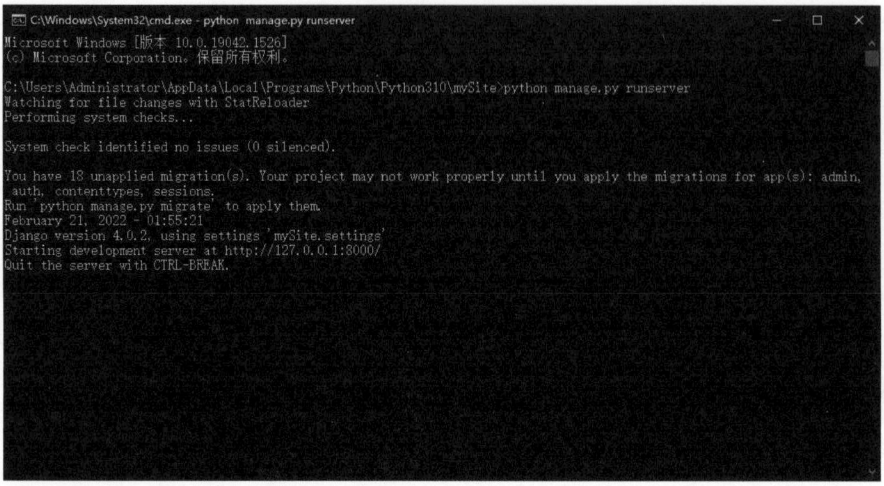

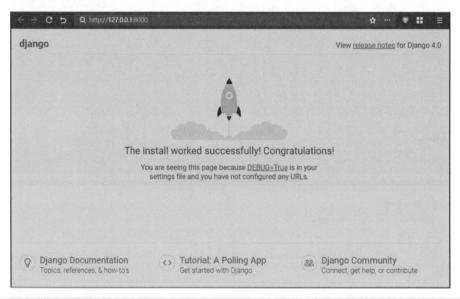

图 5-16

　　我们打开任意一种网页浏览器，在地址栏输入 127.0.0.1:8000 访问，就会正常显示如
下页面（图 5-17）：

图 5-17

　　这表明我们的网站已经成功运行并提供了访问服务，但我们似乎什么都还没开始做！
我们既没有用到 Apache 和 IIS 等 Web 服务器软件，也没有进行复杂的网络服务器配置。
我们完全不需要具备各类网络协议等相关知识，就完成了网站服务器环境的搭建和第一
个项目的运行。没错，它已经开始工作了！Python 和 Django 替我们完成了那些繁琐和难

以理解的工作。

图5-18

从技术上来说，这是基于Django框架使用Python编写的一个轻量级网络服务器。通过Django所包含的这个服务器，我们可以快速开发搭建网站，不需要花时间考虑服务器的配置等问题，而将更多精力专注于网站页面和内容的开发。那么接下来，我们就来开发一个自己的网页。

首先，我们在mySite根目录下新建一个名叫static的文件夹，用于存放我们网站所需要的图片、视频、音频等静态资源文件。这里我们先放入一张名为1.jpg的图片文件（图5-18）。

然后，我们需要修改Django项目的配置文件，使我们在网页程序中能够读取存放资源的static文件夹。打开mySite根目录下的mySite子目录，再打开配置文件settings.py，在如图5-19所示的位置，添加设置资源文件夹static的参数代码：

```
STATICFILES_DIRS = [
    os.path.join（BASE_DIR, "static"），
]
```

```
# Static files (CSS, JavaScript, Images)
# https://docs.djangoproject.com/en/4.0/howto/static-files/

STATIC_URL = 'static/'
STATICFILES_DIRS = [
    os.path.join(BASE_DIR, "static"),
]
```

图5-19

接下来，我们在 mySite 子目录中新建自己的网页文件 helloWorld.py（图 5-20）。

为了在这个网页中显示 "hello, world" 这段英文、一张图片和 "欢迎访问我的网站！" 这段汉字，我们需要在 helloWorld.py 文件中书写网页的程序代码。

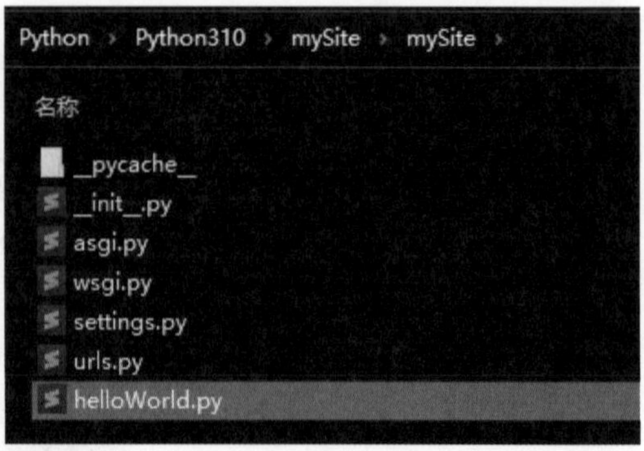

图 5-20

```
1    from django.http import HttpResponse

2    def view(request):
3        return HttpResponse("<h1>hello, world</h1><img src='/static/1.jpg' />
         <h2>欢迎访问我的网站！</h2>")
4    # HttpResponse是django中向请求响应和反馈数据的对象
5    # <h1> 定义最大的标题
6    # <img>标签插入一张图片
7    # <h2> 定义第二级的标题
```

此外，我们还需要修改 Django 项目的 URL 声明，也就是通过参数来定义路由，以设置在浏览器中通过什么地址来访问我们的网页文件。打开 mySite 子目录下的配置文件 urls.py，添加以下参数代码（图 5-21）。

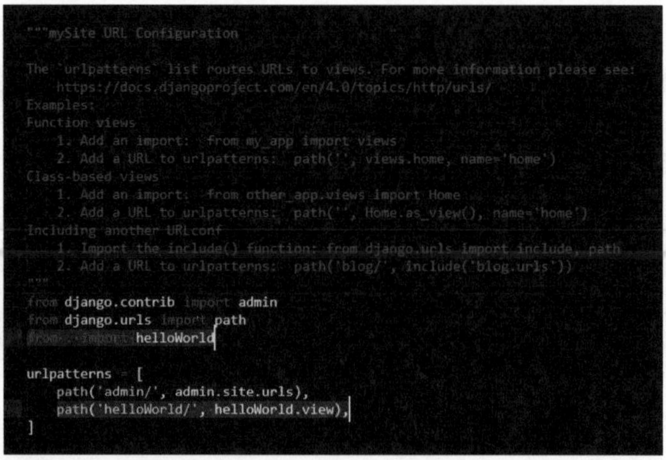

图 5-21

在urls.py文件中，首先通过代码from. import helloWorld 来导入我们的网页文件，然后通过代码 path（'helloWorld/', helloWorld. view），设置在浏览器地址中使用helloWorld二级目录来访问helloWorld文件中的view函数。

好了，万事俱备，只欠东风，最后我们打开网页浏览器，在网址栏中输入地址127.0.0.1:8000/helloWorld进行访问，网页的显示效果如下（图5-22）：

图5-22

至此，我们使用Python搭建网站的案例就全部完成了。全部工作其实只写了两三句代码而已，这也充分证明了Python语言开发的简洁和功能强大。在这个案例的基础上，读者可以继续丰富和完善网页的内容，开发出更加完整和实用的网站。本案例是通过简单的函数来显示网页的内容，但实际工作中的网站和Web应用可能要复杂得多，我们可以使用前后端分离开发的方式。

5.3 用Python 批量修改文件名

Hello,
Python!

在日常工作学习中，我们经常需要对
电脑中的文件进行处理，比如修改文件的
名字。要修改单个文件的名字，在电脑中
处理是很简单的事情，鼠标键盘直接操作
就好了。但是如果需要修改成百上千个文
件的名字，再用鼠标键盘手动一个一个地
修改，就是一件很麻烦的事情了！不仅需
要耗费大量的时间，还容易出错。比如某
单位有一个文档资源库，里面有大批量的
文档和材料（图5-23），现在要求在每一
个文件的名字中加入单位名称作为后缀，

图5-23

这样能够体现文档的归属，方便进行管理。作为一名Python程序员，让我们用手动的方式去一个个修改，当然是不可能的。这种重复性的事务性劳动，我们完全可以交给程序来做。编写一个简单的Python程序，就可以帮我们进行批量自动化处理。

开发这个批量修改文件名的程序，只需要简单的三个步骤：首先是从指定的文件夹中读取所有的文件；然后对每个文件的文件名进行处理，保留文件扩展名不变，在原有文件名的后面加上指定的单位名称；最后将所有文件从旧的文件名修改为新的文件名。要实现这些功能，需要用到Python标准库自带的操作系统接口模块，即os模块，该模块提供了一些方便使用操作系统相关功能的接口函数。当我们导入os模块后，它会根据不同的操作系统进行自适应，自动选择执行不同平台相应的操作。所以不管是在Windows、Mac OS，还是在Linux系统中，Python程序调用os模块接口程序的代码都是一致的。

在编写具体的程序代码之前，我们还是先来学习这个案例程序中需要用到的新的Python知识点：

❶ 列表 list

　　列表 list 是 Python 的一种基本的数据类型，它本质上是一个数据的序列，是一种数据的有序集合。对于接触过其他编程语言的读者来说，它其实对应的就是"数组"。列表和数组，它们的用处都是将一组数据存储起来，以便在后续的程序中使用。在 Python中，同一个列表中元素的数据类型是允许不同的，可以将整数、小数、字符串等任何类型的数据存放在一个列表中，甚至还可以存放另一个列表。但通常情况下，我们还是建议在同一个列表中只放入同一种类型的数据，这样可以提高程序的效率和可读性。

　　在 Python 中创建一个列表，只需要使用方括号将一组用逗号分隔的元素括起来即可。一个典型的列表格式是：listName = [element1, element2, element3, element4, element5]。而在访问列表的元素时，使用列表名、方括号和索引值来获取列表元素的值，格式是：listName[index]。需要注意的一点是，索引值 index 的数值是从 0 开始的。也就是列表中第一个元素的索引值是 0，第二个元素的索引值才是 1，然后依此类推，列表最后一个元素的索引值是列表长度值-1。下面是一个列表的示例代码（图 5-24）：

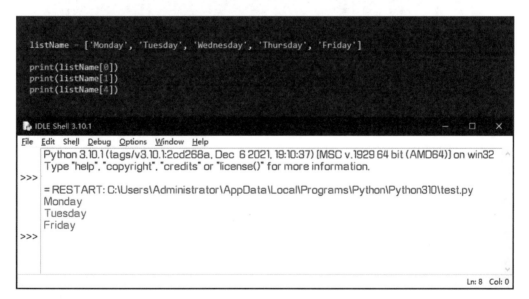

图 5-24

❷ 元组 tuple

元组 tuple 的概念和用法都与列表 list 非常相似，元组也是一种数据的序列。元组和列表二者之间的区别在于：列表是一种可变的序列，而元组是不可变的序列。可变的意思就是说，列表允许对元素进行修改、添加和删除；而元组不可变，一旦创建后它的元素就不允许更改了。元组本质上可以被看作是不可变的列表，一般用于保存无须修改的数据，其不可变的特性使得程序代码相对更加安全。

元组的创建也跟列表类似，区别是将列表的方括号换成小括号，元素之间依然使用逗号分隔。一个元组典型的格式是：tupleName =（element1, element2, element3, element4, element5）。而访问元组元素的方法则与列表一模一样，使用元组名、方括号"[ ]"和索引值来获取元组元素的值，格式是：tupleName[index]。需要注意的是，访问的时候使用方括号而不是小括号，索引值 index 的数值还是从 0 开始。下面是一个元组的示例代码（图 5-25）：

```
tupleName = ('January', 'February', 'March', 'April', 'May')

print(tupleName[0])
print(tupleName[1])
print(tupleName[4])
```

```
IDLE Shell 3.10.1                                          —    □    ×
File  Edit  Shell  Debug  Options  Window  Help
>>>
    = RESTART: C:\Users\Administrator\AppData\Local\Programs\Python\Python310\test.py
    January
    February
    May
>>>
>>>
                                                              Ln: 18  Col: 0
```

图 5-25

❸ 循环语句

我们在编程的过程中，经常需要让计算机执行成千上万次的重复工作，或者需要逐一处理某个序列中的所有元素，这个时候就需要用到循环语句。在代码实现上，循环语句就是当满足一定条件时，循环执行某段程序代码，并在条件不再符合时跳出循环。循环语句也是编程中最基本的程序执行方式之一，其目的就是重复处理相同的任务。事实上，绝大多数软件的主要工作都是在循环语句中完成的，软件运行的绝大多数时间也都是花在循环语句中。所以循环语句编写质量的高低，在很大程度上能决定程序总体执行的效率。

在 Python 中，循环语句有关键词 while 和关键词 for 两种。其中 while 循环语句的基本形式如右图（图 5-26）：当程序执行到 while 语句时，首先判断条件是否满足，如果满足条件就执行代码块的语句；当执行

图 5-26

完毕后，再回过头来重新判断条件是否满足，如果仍然满足，就继续重新执行一次代码块；如此循环，一直满足条件就一直重复执行；直到某一次判断条件不再满足了，就终止和跳出整个循环，接着执行循环语句后面的程序代码。需要注意的是，while 判断条件结尾的冒号是不可缺少的。在 while 条件判断语句下面，通过缩进形成的执行代码块，也被称为"循环体"。

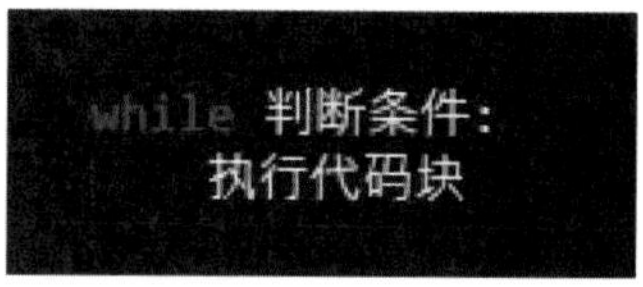

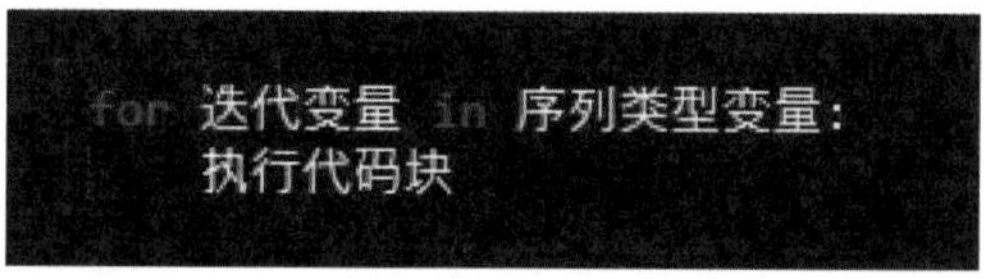

图 5-27

for 循环语句主要用于遍历序列，其基本语法格式如左图（图 5-27）。当程序执行到 for 语句时，首先判断序列中是否有元素，如果有就读取一个元素，将元素赋值给迭代变量，然后执行一次循环体；执行结束后，重新判断序列中是否还有剩下的元素，如果还有就读取下一个元素赋值给迭代变量，再执行一次循环体；如此循环，遍历完序列中所有的元素，直到没有剩下的元素时则退出循环。在循环遍历的过程中，循环体中的代码使用迭代变量来处理数据，而不是序列变量的名字。

学习完本案例中需要用到的几个知识点，接下来我们就来具体看看这个项目程序实现的完整代码：

```
1    print('程序启动……')
2    import os  # 导入操作系统接口模块

3    path = "5.3/"  # 指定要处理的文件夹
4    print('处理文件目录:'+path)
5    filelist = os.listdir(path)  # 调用 os 模块的 listdir 函数,该函数返回一个列
     表,列表包含了 path 文件夹中所有文件的名称
```

```
6    for file in filelist: # 采用for循环遍历列表中的所有文件
7        names = os.path.splitext(file) # 调用splitext函数,将文件的完整名称
         file拆分为文件名与扩展名,该函数返回的是一个元组
8        fileName = names[0] # 文件名
9        extName = names[1] # 扩展名
10       oldName = path+file # 拼接文件路径和文件名
11       newName = path+fileName+"_helloWorld"+extName # 在文件的名字中加入单
         位名称作为后缀
12       os.rename(oldName,newName) # 调用rename函数进行重命名
13       print("原文件名:"+oldName+" 修改为:"+newName)

14   print('程序结束！')
```

在上面代码的第2行，我们首先导入了操作系统接口os模块。第3—5行定义了要批量处理的文件所在的目录，然后将该目录中所有的文件名读取到一个列表中。第6—13行是一个for循环，遍历列表中所有文件，分别将每个文件的完整文件名拆分成文件名和扩展名，在文件名的结尾加上单位名称，然后调用重命名函数修改文件名，最后进行输出显示（图5-28）。

图5-28

完成代码的书写和检查之后，我们在 Python 中运行程序，批量修改文件名后的文件夹如图5-29。

至此，我们使用 Python 编写的批量修改文件名程序就成功完成了。只要运行这个程序，就可以帮我们实现繁琐重复的手工修改动作，省时省力效率还高。参照这个程序，读者朋友可以举一反三，稍微修改代码，就可以实现批量删除、批量复制、批量修改文件属性等其他批量处理文件和文件夹的操作。

图5-29

5.4 用Python开发小游戏

生活中很多人都喜欢玩电子游戏，在玩游戏的同时，很多有理想的同学，也想自己开发电子游戏。但是对于绝大多数人来说，能玩好游戏就挺不容易了，要独立开发游戏无异于天方夜谭！那么，明知山有虎偏向虎山行，本节的案例我们就来尝试用Python编程开发一个小游戏。如果学会了游戏开发，我们就可以自豪地正式称呼自己为程序开发工程师了！我们不仅可以用编程给自己和家人朋友带来乐趣，还真正实现了从一个玩家向专家的转变升华！说干就干，首先我们要开发什么游戏呢？不做则已，要做就做最好的，我们通过这个案例一起来重现经典游戏吧。在目前流行的智能手机出现之前，诺基亚曾经是功能手机的霸主。用过功能手机的朋友应该记得，几乎每一台诺基亚手机都会内置一个小游戏，名叫"贪食蛇"。这个游戏的功能不算复杂，游戏画面中有一条由方块组成的蛇和一个作为"食物"的方块。"蛇"永远在不停地向前运动，而"食物"则随机出现在屏幕的不同位置。玩家可以通过上下左右按键控制"蛇"前进的方向，当"蛇头"撞到方块也就是吃掉"食物"之后，"蛇身"的长度就增加一个方块，然后新的"食物"随机出现在另外的位置。在任何时候，只要"蛇头"撞到屏幕边缘或者自己的身体，游戏就结束了。

按照Python开发的特点，我们在这个案例中使用一个专门用于游戏开发的第三方库Pygame。整个游戏开发的思路是：首先初始化游戏窗口，在屏幕上画出一条"蛇"和一个"食物"；其次是让"蛇"动起来，也就是定时刷新让"蛇"不断前进，然后实现"食物"的随机刷新，即出现在屏幕中的随机位置；再次是实现对"蛇"的控制，也就是响应键盘的按键，通过上下左右键来控制"蛇"前进的方向；最后实现游戏效果的判断，若"蛇"吃到"食物"则需要增加身体的长度，"食物"重新刷新，若"蛇"撞到游戏窗口边缘或者自己的身体后，则游戏结束。

在编写具体的程序代码之前，我们还是先来学习这个案例程序中需要使用到的新的Python知识点：

❶ Pygame

本案例所使用的库 Pygame 是一个用于 Python 游戏类程序开发的模块，它免费开源且可跨操作系统平台，使用它开发游戏不必担心费用的问题。借助 Pygame，我们用 Python 可以快速高效地开发游戏和多媒体程序，特别是开发小型游戏。基于 Pygame 本身的特点，它更适合 2D 也就是平面游戏的开发，而不太适合开发大型 3D 游戏。在使用前还是要用 pip 工具来安装 Pygame 库，在系统的指令行窗口输入 "pip install pygame" 指令后回车，安装结果如下（图 5-30）：

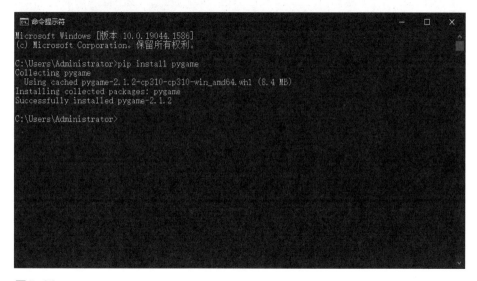

图 5-30

❷ **生成随机数**

我们在编程开发的过程中，经常都会用到随机数的生成。例如程序中自动生成随机密码、生成动态验证码、游戏中的抽奖等环节。在本案例的游戏中，我们需要"食物"随机出现在屏幕的不同位置，而不是固定出现在同一个位置。这就需要由程序生成一个随机数，每次生成的数字不固定，然后用这个随机生成的数字去计算出"食物"出现的位置，这样"食物"出现的位置每次都是随机的了。

Python 本身就自带一个能生成随机数的库 random，要使用 random，只需要在程序

开头导入 random 库即可。random 模块提供了多个用来生成随机数的函数，比较常用的
有：random.random（）用于生成 0 与 1 之间的随机浮点数（小数点不固定的数），
randint（a, b）用于生成参数值 a 和 b 之间的随机整数，random.uniform（a, b）用于
生成参数值 a 和 b 之间的随机浮点数。下面是这几个函数的示例代码及运行结果（图
5-31）：

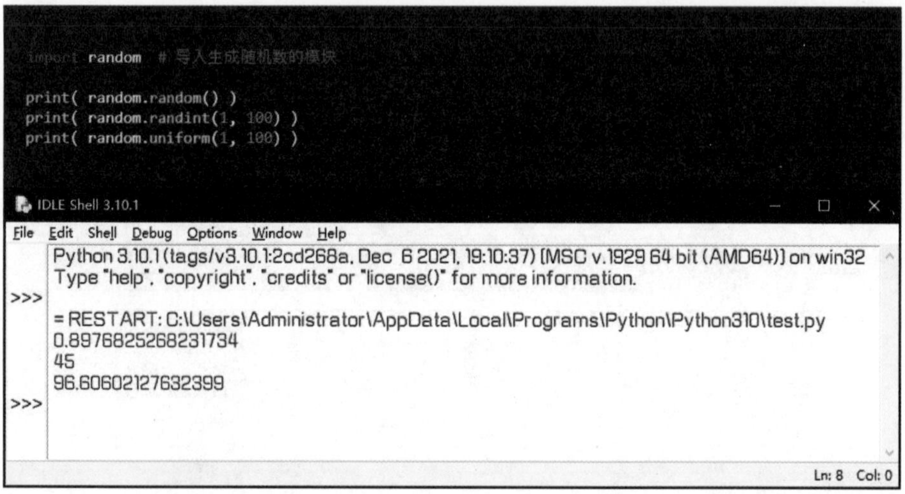

图 5-31

❸ 发布可执行程序文件

因为 Python 是一种脚本语言，正常情况下开发好的 Python 程序要依赖 Python 解释
器来执行。如果使用者的电脑上已具备 Python 解释器环境，那么将编写好的 Python 源
代码文件，也就是 .py 文件发给使用者，对方通过解释器就可以成功运行。但是实际上，
使用我们所开发的小游戏、小程序等程序的对象通常都不是专业程序员，对方的电脑一
般也没有安装 Python 解释器。这时我们要求非技术人员或普通用户自己去安装 Python
环境以及程序运行所依赖的各种库，那简直太麻烦了。在这种情况下，如果我们能将开
发好的程序打包发布为一个可执行文件，比如 Windows 系统中的 exe 文件，那对方收到
程序后直接就可以双击运行了。这样既方便我们传播自己开发的程序，也方便目标用户
上手使用。

要将 Python 源代码程序发布为可执行程序文件，有好几种工具可以实现，比如使用

py2exe、cx_Freeze、nuitka、PyInstaller 等第三方库。其中比较常用的是 PyInstaller，它支持 Windows、Mac OS、Linux 等操作系统。要使用 PyInstaller 库，我们还是要使用 pip 工具来安装。在系统的指令行窗口输入"pip install pyinstaller"指令后回车即可，跟上述安装其他第三方库的流程一致，此处安装截图就省略了。在安装成功后，具体执行程序打包的方法，稍后我们将在完成游戏代码的介绍后演示。

学习完本案例中需要用到的几个知识点，接下来我们就来具体看看"贪食蛇"这个游戏程序实现的完整代码：

```
1   import pygame  # 导入pygame游戏开发库
2   import random  # 导入生成随机数的模块

3   # 初始化游戏
4   width = 800  # 定义游戏界面宽度
5   height = 800  # 定义游戏界面高度
6   pygame.init()  # 初始化pygame
7   screen = pygame.display.set_mode((width,height))  # 创建并显示游戏窗口
8   pygame.display.set_caption('我的贪食蛇')  # 设置游戏窗口的名字
9   clock = pygame.time.Clock()  # 创建游戏时钟对象

10  # 蛇的初始化
11  color = (255, 255, 255)  # 蛇的颜色,用一个元组来定义RGB颜色值
12  colorDel = (0, 0, 0)  # 背景颜色
13  block = 20  # 定义蛇身和食物方块的大小
14  direction = 'up'  # 定义蛇前进的方向
15  snake = [[width/2, height/2], [width/2, height/2+block], [width/2, height/
    2+block*2], [width/2, height/2+block*3]]  # 用列表来定义蛇的位置,初始状态
    蛇身有4个方块

16  # 食物的初始位置
17  food = [width/2, height/2]
```

```python
18    # 通过永远为真的while循环一直刷新游戏
19    while True:
20    clock.tick(5)   # 设置游戏刷新率

21    # 鼠标和键盘响应
22    for event in pygame.event.get():   # 遍历监听游戏中的所有事件
23        if event.type == pygame.QUIT:   # 如果鼠标点击了窗口关闭按钮
24            pygame.quit()   # 卸载pygame, 退出游戏
25        elif event.type == pygame.KEYDOWN:   # 如果键盘被按下
26            if event.key == pygame.K_LEFT:   # 如果按下的是方向左键
27                print('左键')
28                direction = 'left'
29            elif event.key == pygame.K_RIGHT:   # 如果按下的是方向右键
30                print('右键')
31                direction = 'right'
32            elif event.key == pygame.K_UP:   # 如果按下的是方向上键
33                print('上键')
34                direction = 'up'
35            elif event.key == pygame.K_DOWN:   # 如果按下的是方向下键
36                print('下键')
37                direction = 'down'

38    # 如果吃到食物
39    if snake[0]==food:   # 蛇头第一个方块的位置和食物的位置相同
40        snake.append([0, 0])   # 蛇身列表增加一个元素, 也就是蛇身长度增加一个方块
41    # 重新随机生成食物的位置
42        food = [random.randint(1, width//block-2)*block, random.randint(1,
          height//block-2)*block]   # random模块的randint函数用于生成一个指定范
          围内的随机整数, 生成的数字位于两个参数之间
43        pygame.draw.rect(screen, color, pygame.Rect(food[0], food[1], block,
```

```
        block))   # 绘制食物方块,通过draw函数的rect方法绘制矩形
44  # 蛇自动前进
45  position1 = [0, 0]   # 用于移动蛇身位置的临时变量
46  position2 = [0, 0]   # 用于移动蛇身位置的临时变量
47  for i, body in enumerate(snake):  # 采用for循环遍历蛇身列表
48      position1[0] = body[0]
49      position1[1] = body[1]
50      if i==0:  # 列表第0个元素是蛇头,下面判断不同方向前进一个方块
51          if direction=='left':
52              body[0] = body[0]-block
53          elif direction=='right':
54              body[0] = body[0]+block
55          elif direction=='up':
56              body[1] = body[1]-block
57          elif direction=='down':
58              body[1] = body[1]+block
59      else:  # 列表其他元素是蛇身,蛇身的方块分别前进到它前面一个方块的位置
60          body[0] = position2[0]
61          body[1] = position2[1]
62      position2[0] = position1[0]
63      position2[1] = position1[1]
64  # 绘制蛇
65  for body in snake:  # 采用for循环遍历蛇身列表
66      pygame.draw.rect(screen, color, pygame.Rect(body[0], body[1], block,
        block))   # 绘制蛇身方块,通过draw函数的rect方法绘制矩形
67      pygame.draw.rect(screen, colorDel, pygame.Rect(position2[0], position2
        [1], block, block))   # 用背景色绘制蛇尾最后一个方块之前所在的位置,也
        就是消除

68      pygame.display.update()  # 刷新屏幕内容显示
```

```
69    # 判断游戏结束
70    if snake[0][0]<0 or snake[0][0]>=width or snake[0][1]<0 or snake[0][1]>=
      height:   # 蛇头方块超出了游戏界面上下左右的边界
71        pygame.quit()   # 卸载pygame,退出游戏
72        print('Game Over')
73    for i,body in enumerate(snake):   # 采用for循环遍历蛇身列表
74        if i!=0 and snake[0]==body:   # 蛇头方块与蛇身任何方块的位置出现相同,
          也就是蛇头撞到了自己的身体
75            pygame.quit()   # 卸载pygame,退出游戏
76            print('Game Over')
```

在上面的代码中，第1—2行分别导入Pygame游戏开发库和生成随机数的random
模块。第3—9行初始化游戏，分别定义了游戏界面的宽度和高度、游戏窗口名称、游戏
时钟对象，并创建显示了游戏窗口。第10—15行定义"蛇"的初始化参数，包括"蛇"
的颜色、方块大小、前进的方向和"蛇身"的位置。第16—17行定义"食物"的初始位
置。第19行开始一个永远为真的循环，即持续不断地刷新游戏界面。在这个循环中，第
20行代码定义游戏的刷新率，也就是每秒钟游戏界面刷新的次数。第21—37行定义了鼠
标和键盘的响应代码，其中点击窗口关闭按钮退出游戏，按下键盘的上下左右方向键修
改"蛇"前进的方向。第38—43行代码判断"蛇头"吃到"食物"后的操作：一是"蛇
身"长度增加一个方块；二是重新随机生成"食物"新的位置。第44—63行设置"蛇"
的自动前进，每一次刷新"蛇头"向当前的控制方向前进一个方块，"蛇身"的每一个方
块则依次向前面的一个方块前进一个位置。第64—67行进行"蛇"的绘制，通过遍历
"蛇身"每一个方块绘制矩形，然后消除"蛇尾"最后一个方块之前所在的位置。第68行
代码实现屏幕内容刷新，也就是前面所有绘制的代码通过这一句才能真正显示出来。最
后69—76行判断游戏是否结束，有两种情况出现时结束游戏：一是当"蛇头"的位置超
出游戏界面上下左右的边界，二是当"蛇头"撞到了自身，也就是"蛇头"的位置与
"蛇身"任何一个方块的位置相同时，就退出游戏。

完成代码的书写和检查之后，我们在Python中运行程序。可以看到游戏窗口正常显
示，"蛇"和"食物"出现在游戏界面中（图5-32），"蛇"能自动前进，玩家可以通过键
盘的方向键控制"蛇"前进的方向，在"蛇"吃掉"食物"后"蛇身"会加长一格，"食

物"会重新随机出现在别的位置。如果"蛇头"撞到游戏界面的四个边或者"蛇"自己的身体则游戏结束。

图 5-32

　　程序运行测试没问题之后，我们使用上面介绍的 PyInstaller 工具对程序进行打包并发布为可执行文件。打包的具体方法是：首先在系统的指令行窗口中切换目录到程序源文件所在的文件夹，然后输入打包指令并回车。PyInstaller 打包指令的基本格式是：pyinstaller 程序名 .py。这个指令还可以通过添加不同的参数进行控制，比如添加 -F 参数表示打包生成单个的可执行文件，-w 参数表示去掉控制台窗口，-i 参数可以指定可执行文件的图标。通常为了尽可能简化程序文件的传输和运行，就发布为单个的可执行文件，所以最常用的打包指令是：pyinstaller -F 程序名 .py。以下就是我们的游戏程序运行打包指令后的执行结果（图 5-33）：

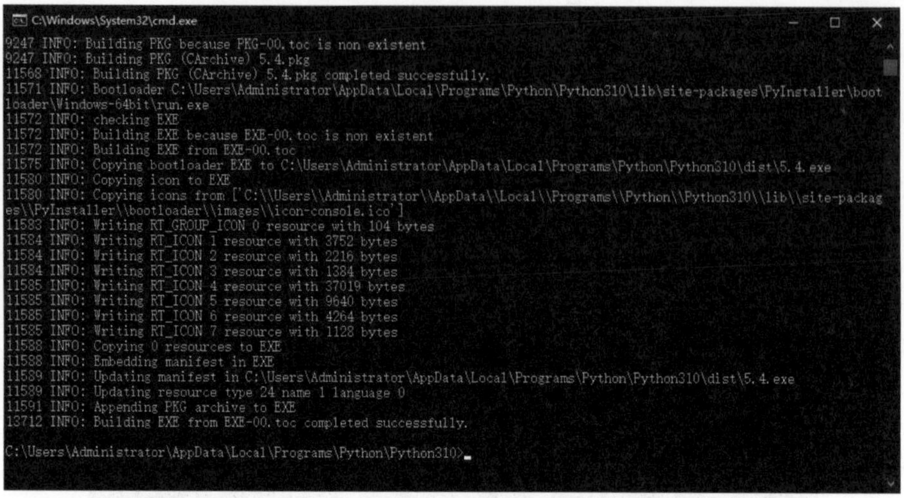

图 5-33

　　在上图中，我们可以看到打包执行结果显示有"completed successfully"的字样，就代表程序打包成功了。这时我们可以看到程序源文件所在的目录中新增了两个文件夹 build 和 dist，其中 dist 文件夹里面的就是打包生成的可执行文件。同时源文件所在的目录下还会生成一个 .spec 文件，该文件是用来设置打包脚本的指令选项，一般情况下我们不用理会这个文件。好了，我们拿到 dist 文件夹下的可执行程序文件，直接双击就可以成功运行游戏，而不再需要通过 Python 解释器来执行源代码脚本文件了。我们可以将这个可执行文件单独发给同事朋友和其他有需要的用户，他们在收到文件后也可以直接双击运行，毫无任何障碍就可以开始玩我们开发的游戏了！他们不需要安装游戏，也不需要额外安装任何运行支撑环境，即便他们的电脑上从来没有安装过 Python 解释器和环境，也都可以正常运行。

　　至此，我们使用 Python 开发"贪食蛇"这个游戏就算大功告成了。一个曾经风靡全球，几乎占领所有人的手机和业余时间的经典游戏，用 Python 居然只要七八十行代码就基本完成了！大家赶紧动手行动起来，编写出这个小游戏发给自己的亲人和朋友们，向他们展示你学习 Python 的"巨大"成果吧！当然，在这个案例程序的基础上，读者还可以继续开发完善，增加游戏的音乐音效、分数和等级的计算显示等功能；也可以参照这个游戏的方法，编写出其他你喜欢的游戏，甚至开发你自己原创的游戏并推向市场。

5.5

Hello,
Python!

用 Python 实现
快速傅里叶变换

当前，Python 已经逐步成为科学计算领域的首选语言。基于在科学计算和数据可视化方面大量优秀的工具类库，Python 可以通过异常简单的编程完成功能强大的复杂计算。因此，本节我们就来做一个科学计算领域的典型开发：用 Python 实现快速傅里叶变换。由于科学计算工作的专业性，对于不是这个领域的读者，可能觉得本节的内容在理解上有一定的难度。如果你没有从事相关开发的需求，可以直接跳过本节。

傅里叶变换（FT）是数字信号处理中的基本操作，它能将满足一定条件的某个函数表示成三角函数或者它们的积分的线性组合。傅里叶变换将信号从时域转换到频域，某些在时域中不好处理的地方在频域中就可以较为简单地处理。傅里叶变换具有多种不同的变体形式，如连续傅里叶变换和离散傅里叶变换。离散傅里叶变换（Discrete Fourier Transform，简称 DFT）是指傅里叶变换在时域和频域上都呈现离散的形式，它将时域信号的采样变换为在离散时间频域的采样。而快速傅里叶变换（Fast Fourier Transform，简称 FFT）是对离散傅里叶变换的算法进行改进而获得的，是离散傅里叶变换的快速计算方法，采用快速傅里叶变换能使计算离散傅里叶变换所需要的乘法次数大大减少。

用 Python 实现快速傅里叶变换的开发，主要分成两个步骤：首先是调用函数实现快速傅里叶变换的计算，其次是绘制出结果的波形图。这两个步骤我们分别通过 NumPy 库和 Matplotlib 库来实现。NumPy（Numerical Python）是 Python 中进行科学计算的数学扩展库，它支持矩阵运算和数组运算，提供了逻辑、排序、傅里叶变换、线性代数、统计运算和随机模拟等大量的数学函数。NumPy 通常与 SciPy（Scientific Python）或 Matplotlib 库一起使用，这种组合作为一个强大的科学计算环境，广泛用于替代 MatLab，帮助我们通过 Python 进行科学计算和机器学习。Matplotlib 是 Python 的绘图库，是 Python 编程语言及 NumPy 扩展包的可视化操作界面。Matplotlib 可以很轻松地将数据图形化，如绘制各种线图、散点图、条形图、柱状图、3D 图形，甚至图形动画，同时是提供了多样化的输出格式。

在编写具体的程序代码之前,我们还是先来学习案例程序中需要使用到的 Python 知识点:

❶ 元组的截取

我们在前面的章节介绍过元组的创建和访问的方法,本节我们来介绍元组的截取。什么是元组的截取呢?因为元组也是一种数据的序列,所以我们不仅可以直接访问元组中指定位置的元素,也可以截取这个序列中的一段元素。可以理解为,我们从一个数据队列中提取其中部分长度的一小段数据。

在 Python 中截取元组的方法是:元组名[起始索引:结束索引:步长]。其中"起始索引"包含在内,"结束索引"不包含在内。如果起始索引不写的话,默认从元组的第一个元素开始取值;如果结束索引不写的话,默认取值到元组的最后一个元素。"步长"的意思是每几个元素取一次值,步长如果不写则默认为1,也就是每个元素都取值;如果步长是负数的话,则从序列的结尾开始往开头取值。以下是元组截取的示例代码及运行结果(图5-34):

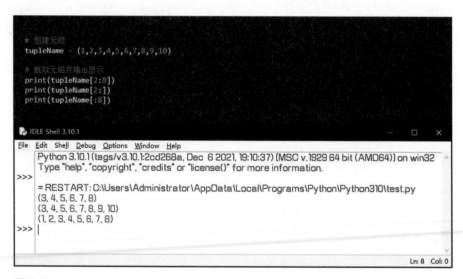

图5-34

❷ 显式类型转换

在Python中有数字、字符串、列表、元组等多种数据类型，不同的数据类型可以进行的操作是不一样的。我们在编程过程中有时候会将不同的数据类型放在一起运算，比如将一个数字和一个字符串组合成一个新的字符串，又比如对整数变量和浮点数变量进行数学计算等。但不同的数据类型本身是不能进行相同操作的，所以这个时候就需要对数据类型进行转换，也就是从一种数据类型转换成另一种数据类型。

Python进行数据类型转换的方式有隐式转换和显式转换两种。所谓隐式转换就是系统自动转换，Python会自动将一种数据类型转换为另一种数据类型，无须用专门的代码去做处理。比如在对两种不同类型的数值变量进行数学运算时，范围较小的数据类型会自动转换为范围较大的数据类型，例如：将整数变量和浮点数变量相加，整数类型就会自动转换为浮点数类型再进行计算，以避免数据丢失。

但另外有一些情况，Python无法进行自动的隐式转换，比如对整数类型和字符串类型进行数学运算，这种情况下Python会报错。这个时候就需要我们对其进行强制类型转换，也就是显式转换。显式类型转换是通过Python内置的类型函数来进行的，一般情况下类型函数就是将数据类型的名字作为函数名，例如：int函数强制转换为整数类型，float函数强制转换为浮点数类型，str函数强制转换为字符串类型。以下是这几个函数的示例代码及运行结果（图5-35）：

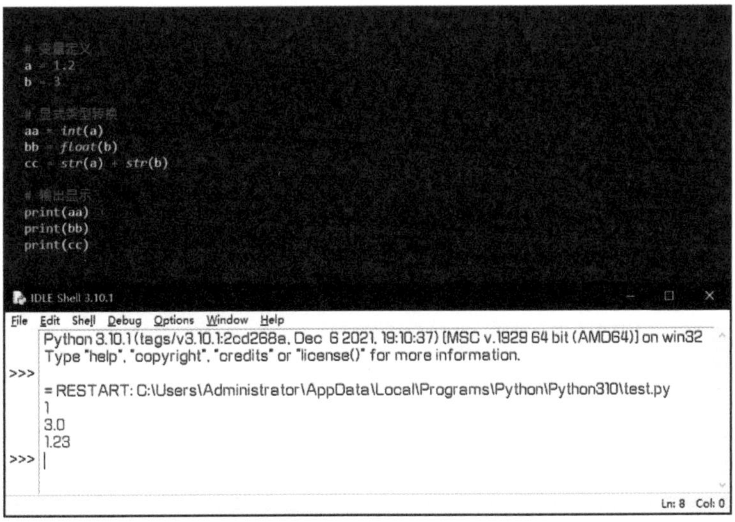

图5-35

学习完本案例中需要的新知识点，下面是实现快速傅里叶变换的完整代码：

```
1   import numpy   # 导入 numpy 数学库
2   import matplotlib.pyplot   # pyplot 是 Matplotlib 的子包，提供了一个类似
    MATLAB 的绘图框架

3   rate = 5000   # 定义采样频率
4   ts = numpy.linspace(0, 1, rate)   # 通过 linspace 函数创建取样时间的元组
5   ff1 = 100   # 设置信号频率1，根据采样定理，采样频率只要大于信号中最高频率的2
    倍，采样之后的数字信号就能完整保留原始信号中的信息
6   ff2 = 200   # 设置信号频率2
7   x = numpy.sin(2*numpy.pi*ff1*ts) + 2*numpy.sin(2*numpy.pi*ff2*ts)   # 设置
    需要采样的信号，这里输入的是两个正弦波的叠加
8   point = 500   # 定义采样点数
9   xs = x[:point]   # 从采样数据中截取设置的采样点数

10  xf = numpy.fft.rfft(xs)/point   # 调用快速傅里叶变换函数 rfft 进行计算，为了
    正确显示波形，将 rfft 函数的结果除以 point
11  xfp = 20*numpy.log10(numpy.clip(numpy.abs(xf), 1e-20, 1e1000))   # 计算幅
    值，先用 abs 函数取绝对值，再用 clip 函数对幅度值进行上下限处理，最后用 log10 函
    数将其转换为以 dB 单位的分贝值
12  freqs = numpy.linspace(0, int(rate/2), int(point/2) + 1)   # 创建频率向量
    的元组用于作图，由于 FFT 具有对称性，只需要取一半的区间

13  # 绘制波形图
14  matplotlib.pyplot.figure(figsize=(10, 7))   # 生成绘图窗口，figsize 设置窗口
    大小
15  matplotlib.pyplot.subplot(211)   # 添加两行一列子图中的第1个子图
16  matplotlib.pyplot.plot(ts[:point], xs)   # 绘制时域波形图
17  matplotlib.pyplot.xlabel("time(s)")   # 设置 x 坐标轴的标签
18  matplotlib.pyplot.title("Python-FFT")   # 设置子图标题
```

```
19  matplotlib.pyplot.subplot(212)   # 添加两行一列子图中的第2个子图
20  matplotlib.pyplot.plot(freqs, xfp)   # 绘制频域波形图
21  matplotlib.pyplot.xlabel("Hz")   # 设置x坐标轴的标签
22  matplotlib.pyplot.subplots_adjust(hspace=0.3)   # 设置子图之间的纵向间距
23  matplotlib.pyplot.show()   # 显示所有图形
```

代码的第1—2行，分别导入数学库和绘图库。第3—9行定义进行快速傅里叶变换所需的参数，创建了需要采样的信号。第10—12行调用快速傅里叶变换的函数进行计算，并且对计算结果进行处理以方便作图。最后13—23行调用绘图库分别绘制快速傅里叶变换前后的波形图。

完成代码的书写和检查之后，在Python中运行程序，输出显示的波形图如下（图5-36）：

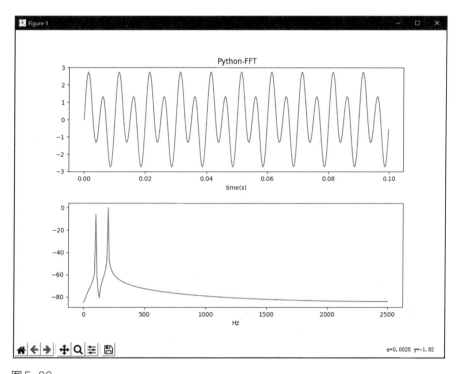

图5-36

至此，我们使用Python编程实现快速傅里叶变换的程序就完成了。这个程序本身只有二十多行代码，而实现功能的核心代码其实就只有一句，即使用NumPy库的快速傅里叶变换函数rfft进行计算的代码。一句代码就实现了原本复杂的数学计算，用Python进

行科学计算编程的强大和简洁性可见一斑。进行科学计算的 Python 工具库丰富而广泛，而且在不断地完善和升级，在相关领域从事学习和科研的读者朋友，可以参照本例进行更深入的探索和练习。

## 第 6 章

Python
语法教程

6.1 数据类型

Hello,
Python!

我们在之前的章节中已经学习到，在 Python 语言中无须为变量专门指定数据类型，变量的类型取决于它所存放的数据的类型。这是因为 Python 是一门弱类型的编程语言，与 C 语言和 Java 等强类型的语言不同，我们在 Python 编程中不用特别关注变量的类型，所有的变量都无须提前定义或声明数据类型，对变量名直接赋值后就能自动创建。我们可以将不同类型的数据赋值给同一个变量，变量的数据类型也是可以改变的。例如我们可以先将一个整数赋值给一个变量，之后又可以将一个字符串赋值给这个变量，在这个过程中，变量的数据类型就从整数类型转变成了字符串类型。从前面的案例编程中，我们还知道 Python 在不同数据类型的混合计算时，会自动进行数据类型的隐式转换。

需要注意的是，弱类型并不等于没有类型，弱类型的意思是指我们在编写代码时，不用刻意去关注和定义数据类型，但是程序中的所有变量在内存中仍然是有数据类型的。由于我们要使用计算机来处理各式各样的数据，例如数值、文本、图片、视频、音频等，这些不同的数据就需要使用不同的数据类型来存放和运算。因此数据类型是每一种计算机编程语言必备的属性，不同的编程语言支持的数据类型有所不同，但大体的分类方法是基本相同的。

Python 语言的基本数据类型有：字符串类型、数值类型、布尔类型、序列类型、二进制类型。这些基本数据类型是 Python 语言内置的，它们由系统预定义好，在程序中可以直接使用。除了基本的数据类型，Python 还可以自定义数据类型，所以理论上 Python 具有无限种类的数据类型。

❶ 字符串（string）类型

我们在前面的章节中涉及字符串处理的时候，已经详细介绍过字符串和字符、单引号和双引号、转义字符、字符串的拼接等相关知识。需要注意的是，Python 语言没有单独的字符这种数据类型。单个字符在Python中也是作为一个字符串使用的，单个字符就是长度为1的字符串。我们可以使用索引来访问字符串中的字符，也就是字符串的单个元素，访问的方法是使用字符串名、方括号和索引值来获取字符串元素的值，格式是：stringName[index]。索引值index的数值从0开始，即字符串第一个元素的索引值是0，第二个元素的索引值是1，依此类推。也可以从字符串的结尾开始索引，索引值为负，字符串最后一个元素的索引值是-1。此外需要说明的是，Python中的字符串是不可变类型，我们不能通过索引来改变字符串的某一个元素的值，要修改字符串的元素只能新建一个字符串。

❷ 数值类型

Python支持多种数值类型：整型（int）、浮点型（float）、复数型（complex）。

整型（int）即整数类型，是没有小数部分的数字，包括正整数、0和负整数。从Python 3开始，Python语言就只有一种整型，即int，不再像其他强类型语言要通过多种整数类型来区分数值的大小。Python的整型没有大小限制，可以处理任意大小的整数。对于特别大的数字，比如9999999999，一眼看上去很难数清楚数字的位数，Python允许在数字中间添加下划线符号进行分隔，因此可以把9999999999写成9_999_999_999。

浮点型（float）也就是小数类型，用于处理带小数点的数字。之所以称为"浮点数"，是指当数字按照科学记数法表示时，小数点的位置是可以移动变化的，比如9.9999e3和99.999e2这两种写法是相等的。当然也可以用普通的十进制表示法，即9999.9。Python的小数类型也只有一种，即float，能处理的浮点数大小也没有限制。

复数型（complex）在Python中是默认提供支持的。复数的运算是科学计算中经常会碰到的问题。复数由实数部分（real）和虚数部分（imag）构成，实数部分和虚数部分都是浮点型。在Python中，复数类型的数据格式是 a+bJ 或 a+bj，其中a是复数的实数部分，b是复数的虚数部分，虚数单位后缀既可以用大写字母J也可以用小写字母j，注意不要写成数学上的虚数单位 i 。

❸ 布尔（bool）类型

在所有编程语言中，布尔类型都是用来判断真假的类型。比如"1<2"这个比较算式

的结果是正确的，在编程语言中就理解为真，用布尔值True来表示；而"1>2"的结果是错误的，就理解为假，用布尔值False来表示。布尔类型使用最多的场合就是条件判断语句和循环语句，用True和False来判断和控制程序执行的方向。布尔类型只有True和False这两种值，要么为True，要么为False。因为True和False都是Python的关键字，所以在书写代码时一定要注意字母的大小写，否则解释器会报错。

布尔值也可以进行运算，运算的类型有and、or和not。其中and运算是指"与运算"，只有and两侧的值都为True，运算的结果才是True，只要有一个为False，结果就是False；而or运算是指"或运算"，只要or两侧的其中一个值为True，运算的结果就是True，只有两侧的值都为False，结果才是False；另外not运算是"非运算"，它只针对右侧的值进行运算，如果右侧的值是True，那么运算的结果变成False，相反，如果右侧的值是False，那么结果就是True。

在Python中，布尔类型可以看作是整数型int的子类型，是一种只有两个值的特殊整型。布尔类型的两个值中，True相当于整数值1，False相当于整数值0。如果将布尔值进行数值运算，也就相当于用1或者0进行计算。但需要注意的是，这种对应只是作为在Python语法上的理解，实际布尔类型和整数类型在逻辑上大不相同，我们也特意将布尔类型作为一种单独的类型来介绍。大家在实际编程应用中，最好不要混用True和Flase与1和0，否则会造成程序阅读上的困惑。

❹ 序列类型

我们在使用编程来解决问题的过程中，除了使用独立的变量来保存单独的数据，很多时候还需要一种变量的组合来保存大量相关的数据。这种变量的组合我们把它叫作"序列"，序列是指按照特定的顺序保存的一组数据。在Python中，序列的类型包括列表（list）、元组（tuple）、字典（dict）和集合（set）。其中，列表和元组比较相似，它们都是按顺序保存元素的，而字典和集合的存储是无序的。列表可以更改，元组不能更改，列表和元组的每个元素都可以通过索引（index）来访问。此外，字符串类型其实可以看作是一种特殊的序列，它也可以通过索引来访问字符串中的每一个字符。我们在前面的章节中已经详细介绍过列表、元组、字典的概念及其使用方法，本节就只介绍集合类型。

集合（set）是一个无序的、不重复的数据组合，它的基本功能是消除重复元素或进行成员关系测试。你可以把集合当作一种特殊的字典，这种字典只有键没有值。因为集合是无序的，所以我们不能使用索引来访问集合的元素。要创建集合，可以使用大括号或者set函数。因为集合在编程入门阶段使用的场景不多，这里我们先了解一下概念即可，等到需要的时候再学习具体使用方法。

❺ 二进制（bytes）类型

bytes类型可以称为"二进制序列"或"字节序列"，它是由单个字节构成的不可变序列。在Python中，bytes类型通常用于网络数据传输和网络通信。bytes对象只负责记录和存放原始的字节（二进制格式）数据，这些数据可能是字符串、数字、图片、音频等，具体表示什么内容由程序的编码格式和解析方式决定。bytes类型在操作和使用方法上和字符串数据类型基本一样，我们可以用字符串类型来帮助理解bytes类型。字符串类型是以字符为单位来处理数据，而bytes类型是以字节为单位来处理数据。bytes类型在概念上比较抽象，读者朋友在学习初期不用太纠结于细节理解，可等到需要使用的时候再了解具体操作方法。

❻ type（）函数

上面我们学习了Python语言基本的数据类型，我们还可以在任何时候用Python内置的type函数来检测某个变量、常量或者表达式的数据类型。以下是使用type函数的示例代码及运行结果（图6-1）：

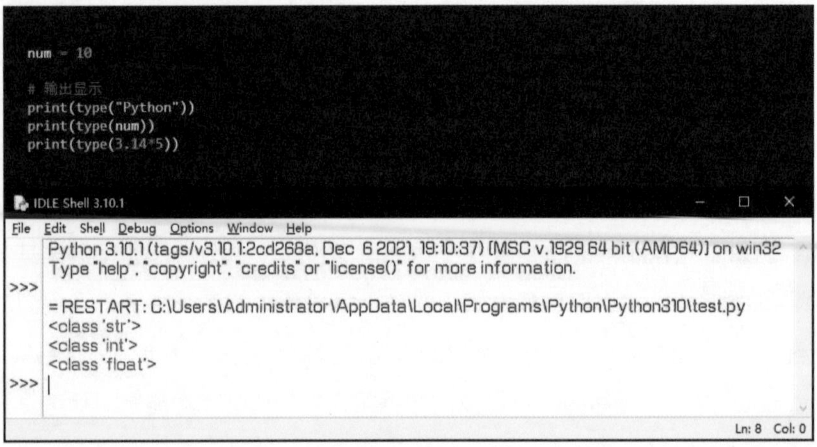

图6-1

6.2 运算符

Hello,
Python!

我们在编程中，需要经常对变量和常量进行各种运算，运算就需要用到运算符。运算符的作用就是对各种类型的数据进行操作，让静态的数据"运动"起来。在 Python 编程语言中，运算符主要划分为：赋值运算符、算术运算符、比较运算符、逻辑运算符、成员运算符、身份运算符、位运算符。

❶ 赋值运算符

赋值运算符是编程开发中最常用的运算符，之前的章节对赋值运算符进行过简要的介绍。赋值运算符的基本功能就是为变量赋值，等号是 Python 中最基础的赋值运算符。除了基础的等号赋值，将它与其他运算符（算术运算符、位运算符、逻辑运算符）相结合，还能扩展成为各种功能更加强大的赋值运算符。比如加法赋值运算符"a+ = b"就等效于"a = a + b"，与此类似的还有 -=、*=、/= 等多种扩展赋值运算符。扩展后的赋值运算符，使得赋值表达式的书写更加简洁和优雅，很多专业的程序员都习惯于这种书写方式，扩展赋值运算符也得到绝大多数 Python 编程书的推荐。但对于初学编程的读者来说，我们并不推荐大家一开始就大量使用扩展赋值运算符。首先这么书写并不能节约多少代码的书写量，也不能提高任何一点点代码运行的效率，反而增加了程序代码阅读的难度。我们编写程序的目的，除了运行就是给别人阅读的，过于追求简洁的写法无异于在写文章时故意堆砌华丽而无用的辞藻。

❷ 算术运算符

算术运算符可以大体理解为数学运算符，一般用于加减乘除等数学运算。Python 语言支持的算术运算符如下：

+ 加法运算符：两个数相加。除此以外，我们在前面的章节中还学习过，"+"运算符也用于字符串的拼接。

— 减法运算符：两个数相减，或是得到一个数的负数。

* 乘法运算符：两个数相乘，或是得到一个重复若干次的字符串。

/ 除法运算符：两个数相除，结果为浮点数。需要特别注意的是，除数在任何时候都不能为0，否则 Python 会提示报错。

// 取整除运算符：两个数相除，结果为向下取整的整数。

% 取模运算符：两个数相除的余数。求余运算也是除法运算，除数也不能为0。

** 幂运算符：进行乘方运算。

❸ 比较运算符

比较运算符也称为"关系运算符"，是用来比较变量、常量以及表达式之间关系的运算符。在编程开发中，比较运算符常用于条件判断和循环等流程控制语句。我们在前面的章节中，已经对比较运算符进行过详细的介绍，在此不再赘述。

❹ 逻辑运算符

Python 中的逻辑运算原理与数学中的逻辑运算相同，通常跟关系运算符结合使用，用于组合条件语句。逻辑运算一般返回一个布尔值，所以也被称为"布尔运算"。Python 的逻辑运算符包括三种：

and：逻辑"与运算"符。两个对象都为 True，则运算的结果才是 True，只要有一个对象为 False，那么结果就是 False。

or：逻辑"或运算"符。只要两个对象的其中一个为 True，则运算的结果就是 True，只有两个对象都为 False 的情况，结果才是 False。

not：逻辑"非运算"符。只针对右侧的对象进行运算，如果右侧是 True 那么运算的结果变成 False，如果右侧是 False 那么结果就是 True，相当于取反操作。

❺　成员运算符

成员运算符用于判断一个对象是否是另一个对象的成员，也就是判断两个对象是否存在包括关系。成员运算符操作的对象可以是字符串，也可以是列表或元组。运算符返回的结果为布尔值。Python 语言的成员运算符有两个：

in：如果对象存在包含关系，结果返回 True，否则结果返回 False。

not in：如果对象不存在包含关系，结果返回 True，否则结果返回 False。

以下是使用成员运算符的示例代码及运行结果（图6-2）：

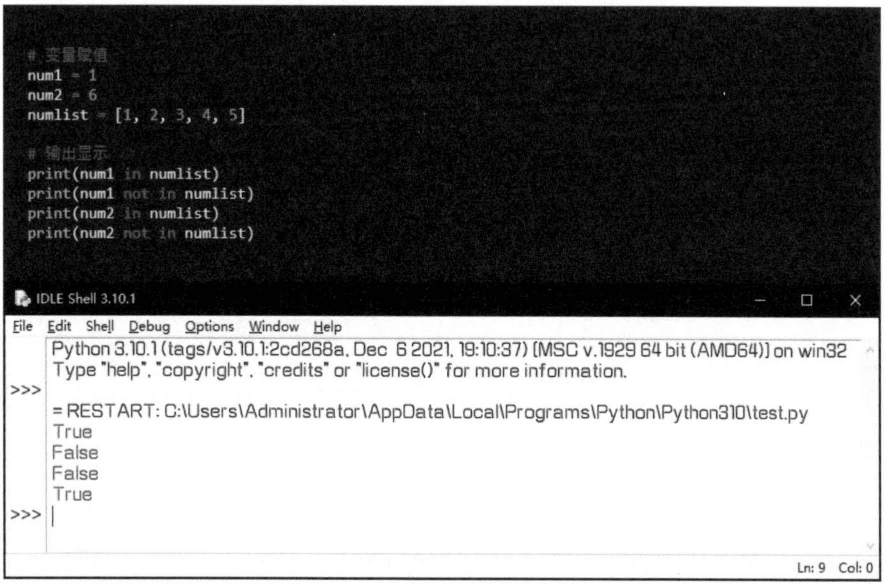

图6-2

❻　身份运算符

身份运算符用于比较两个对象的存储单元，而不是比较它们的值是否相等。如果两个对象具有相同的内存位置，表明它们实际上是同一个对象。Python 语言的身份运算符有两个：

is：如果两个对象具有相同的存储位置，则结果返回 True，否则结果返回 False。

is not：如果两个对象不具有相同的储存位置，结果返回 True，否则结果返回 False。

需要注意 is 与 == 的区别：is 用于判断两个对象的存储单元是否相同，而 == 用于判断两个对象的值是否相同。以此类推，is not 与 != 的区别也是相同的道理。

❼ 位运算符

位运算即二进制运算，它按照数据在内存中的二进制位进行操作。Python 语言支持的位运算符如下：

&：按位"与运算"符，如果两个位都为1，则结果为1，否则结果为0。

|：按位"或运算"符，只要两个位中有一个为1时，结果就为1，否则结果为0。

^：按位"异或运算"符，如果两个位相异时，结果为1，否则结果为0。

~：按位"取反运算"符，反转对象的每个二进制位，即把1变为0，把0变为1。

<<：按位"左移运算"符，将对象的各个二进制位全部向左移动若干位，左侧高位丢弃，右侧低位补0。

>>：按位"右移运算"符，将对象的各个二进制位全部向右移动若干位，右侧低位丢弃，左侧高位补入最左边的位的副本。

我们在编程开发的初学阶段几乎不会用到位运算，它一般用于单片机、驱动程序等计算机底层开发。读者朋友如果没有涉及这些开发领域，可以先不用深究位运算的细节，以后碰到需要的时候再具体学习。

❽ 运算符的优先级和结合性

运算符的优先级，指的是当多个运算符同时出现在一个表达式中时，先执行哪一个运算符后执行哪一个运算符的等级。上面我们介绍过的 Python 所支持的各类运算符，被划为多个不同的优先等级，有些运算符的优先级不同，也有些运算符的优先级相同。当同一表达式中的多个运算符的优先级不同时，先执行优先级高的运算符，后执行优先级低的运算符。如果等级数量多于两个，就按照从高到低的顺序依次执行。

当同一表达式中的多个运算符的优先级相同时，又该按什么顺序执行呢？这个时候就还需要依据运算符的结合性。所谓结合性，就是指相同优先级的运算符的执行顺序，先执行左边的运算符叫"左结合性"，先执行右边的运算符叫"右结合性"。Python 中大部分的运算符是左结合性的，也就是从左执行到右，先执行左边的运算符，再执行右边的运算符。

　　运算符的优先级和结合性决定了 Python 表达式的执行顺序。表6-1详细地列出了 Python 语言所有运算符从高到低的优先级排序，以及相同优先级运算符的结合性：

表6-1　运算符的优先级和结合性

优先级	运算符	描述	结合性
高	**	幂运算符	右结合性
	~	按位取反	右结合性
	*、/、//、%	乘、除、取整除、取模	左结合性
	+、-	加、减	左结合性
	<<、>>	按位左移、右移	左结合性
	&	按位与	右结合性
	^	按位异或	左结合性
	|	按位或	左结合性
	>、<、>=、<=	比较运算符	左结合性
	==、!=	比较运算符	左结合性
	=	赋值运算符	右结合性
	is、is not	身份运算符	左结合性
	in、not in	成员运算符	左结合性
	not	逻辑非	右结合性
	and	逻辑与	左结合性
低	or	逻辑或	左结合性

　　虽然 Python 能通过运算符的优先级和结合性自动判断同一表达式中多个运算符的执行顺序，但我们不能过度依赖运算符的自动执行规则。首先我们建议大家不要把过多的运算符写在同一个表达式中，否则会导致程序的可读性变差，太复杂的表达式有时候还会造成人为判断和程序自动判断之间的误差。一个复杂的运算符的表达式，可以拆分为多个简单的表达式来书写。实在不方便拆分的时候，可以在同一个表达式中使用小括号来控制和标识运算符的执行顺序；即便小括号对于执行顺序的自动判断是多余的，也建议尽可能地写上，以方便理解和阅读程序代码。

6.3 流程控制

　　一般来说，程序代码都是自上而下依次执行的，就像我们阅读书籍的习惯，通常都是按顺序逐行阅读，从头看到尾。但有的时候，我们可能也需要改变一下阅读的顺序。例如对于编程初学者，我们建议从本书的第1章开始阅读；但如果是专业的程序员，则可以从本书的第3章开始阅读。这是一种按条件进行的选择。又比如每看完一章的内容，可以判断一下自己是否已经学懂学会，如果还没有掌握本章的知识，可以重复学习一遍，等下一次学完再来判断一次是否学会，如此循环学习直到学会为止。

　　在程序开发的过程中，也有类似阅读书籍这种流程控制的方式。我们经常需要根据逻辑判断的不同结果，来执行不同的代码，或者根据判断结果，来决定是否需要重复执行某一段代码。所谓流程控制，就是指控制程序的执行流程，也就是控制代码执行的顺序和方向。流程控制对于编程至关重要，它提供了控制程序如何执行的方法，体现了编程的思路和逻辑，最终通过逻辑判断和不同的执行语句实现程序设计的功能。与其他编程语言相同，Python 语言的流程控制也分成三种，分别是顺序结构、选择结构、循环结构。

❶ 顺序结构

　　顺序结构就是让程序按照从上到下的顺序，依次执行每一句代码，从第一句代码开始到最后一句代码结束，最终得到程序运行的结果。顺序结构没有任何分支和循环，不跳过任何代码，不会返回到前面已经执行过的代码，也不重复执行任何代码。顺序结构的执行，不需要进行任何条件判断，也不需要使用任何关键词来进行流程控制。

② 选择结构

选择结构顾名思义就是根据条件判断进行不同选择的代码结构，它主要是为了让程序在运行的过程中根据不同的条件执行不同的操作。比如满足某种条件的时候让程序执行代码段一，而在不满足条件的时候则让程序执行代码段二。选择结构是通过"条件判断语句"来选择和控制程序执行流程的，我们在前面的章节中已经对条件判断语句进行过详细的介绍。

选择结构也被称为"分支结构"。根据分支的多少，可以分为"单分支（if单独使用）"、"双分支（if和else一起使用）"和"多分支（if、elif及else共同使用）"三种类型。其中if单独使用、if和else一起使用的情况我们在前面介绍条件判断语句时已经详细说明，本节就只对if、elif及else共同使用的情形进行介绍。

if - elif - else 语句是对 if - else 语句的扩充。因为在很多需要进行条件判断的时候，并不止两种选择，它可能包含三个及以上的多种条件分支，这个时候就必须用到elif关键字。这里的elif是英文else if的缩写，在大多数其他编程语言中，都是直接使用else if，所以对Python语言来说要特别注意这个关键字的区别。if - elif - else 语句的基本形式如图6-3：

在这个示例中，先判断条件1，如果满足判断条件1，就执行代码块一的语句；如果判断条件1不满足，则继续判断条件2是否满足，如果满足判断条件2，则执行代码块二的语句；如果判断条件1和判断条件2都不满足，最后执行代码块三的语句。简单总结来说，if - elif - else 语句是从上向下逐一判断，一旦发现某一个判断条件满足，就执行该判断条件所对应

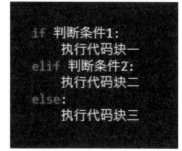

图6-3

的代码块，后续的elif和else语句都忽略，不再进行判断和执行，也不用管后面的判断条件是否满足。只有当前面所有的if和elif判断条件都不满足时，才执行最后else所对应的代码块。

在if - elif - else 语句的结构中，elif语句可以存在很多个，而else语句只能存在一个。elif和else语句是可选的，没有elif就变回if - else语句，elif和else都没有就变成单if语句。elif和else语句都不能单独出现，必须和if语句一起配对使用。不管有多少个elif语

句，不管是否存在 else 语句，不论有多少个判断条件和代码分支，始终只能执行某一个
分支代码块，或者任何分支都不执行，而不能同时执行多个分支的代码块。

在编写代码时，if、elif 和 else 语句的最后都必须添加一个冒号，不可或缺，否则执
行 Python 程序会报错。if、elif 和 else 语句下面的代码块一定要缩进，代码块的缩进量要
大于 if、elif 和 else 语句本身，同一个代码块内部的所有语句的缩进量必须相同。代码块
的规范缩进，对 if - elif - else 语句的结构非常重要。缩进量的误差会造成分支代码执行的
错误，无法实现判断条件的选择目的，且因为没有语法报错，程序调试过程中不容易检
查出问题所在。

以下是使用 if - elif - else 语句的示例代码及运行结果（图6-4）：

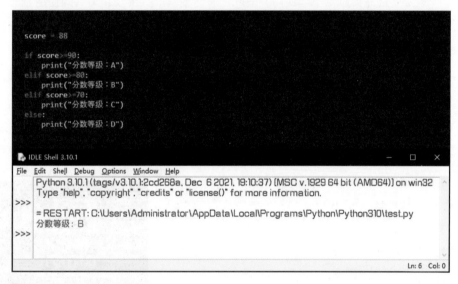

图6-4

在某些情况下，我们需要在一种条件判断的基础上，再进行另一种条件判断，这个
时候需要使用 if 语句的嵌套。所谓嵌套，就是在一个 if - elif - else 语句的结构中，包含另
一个 if - elif - else 语句，简单来说就是用 if 语句包含 if 语句。我们前面提到的单分支（if 单
独使用）、双分支（if 和 else 一起使用）和多分支（ if、elif 及 else 共同使用）这三种类
型，都可以相互嵌套。需要特别注意的是，在相互嵌套使用的过程中，一定要严格遵守
不同级别代码块的规范缩进。以下是 if 语句嵌套的示例代码及运行结果（图6-5）：

图6-5

❸ 循环结构

　　循环结构就是让程序重复执行某一段代码的结构。对于计算机来说，其最擅长的能力就是以极快的速度重复不断地执行某一项工作。我们在编程开发过程中，要善于利用计算机的这种特点，使用循环思维来帮助我们解决重复性和复杂性的问题。比如我们可能并不知道某一个密码的算法，但我们知道所有的密码都由字母和数字等字符组成，我们就可以利用计算机强大的运算能力，直接穷举所有可能的密码字符的组合，逐一尝试，只要循环的次数足够多，就总能找到正确的那一个密码，这就把复杂的算法问题转变为简单的循环问题了。

　　循环结构又被称为"回路控制结构"。因为循环通常不能无限执行下去，那样计算机可能就死机了，所以需要由判断条件来控制循环的执行次数或终止跳出循环体。在Python语言中，根据循环控制方式的不同，分为while和for两种循环控制语句。while循环又称为"条件循环"，只要条件满足就一直执行循环体，条件不满足就退出循环。for循环又称为"计次循环"，常用来遍历可迭代的序列，如列表、元组、字典、集合或字符串，每一次循环就读取和处理序列中的一个元素。这里的"可迭代"，就是可以重复读取的意思。

前面的章节详细介绍过while循环语句和for循环语句的基本语法形式，这里不再赘述。需要注意的是，while语句和for语句结尾的冒号都必不可少，另外while和for语句下面的循环体代码块，务必要缩进。

for语句要循环指定的次数，通常需要跟range函数结合起来使用。range是Python语言的内置函数，它用于生成一个整数等差序列。例如range（10），就是生成从0到9的整数序列。以下是使用while循环语句和for循环语句分别对1—100的所有数字进行求和的示例代码及运行结果（图6-6）：

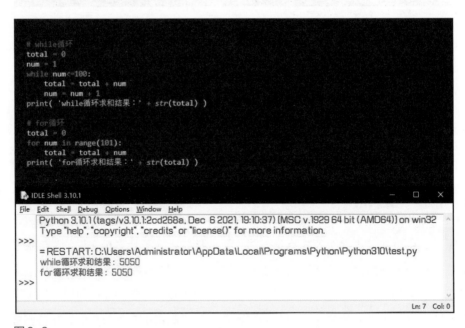

图6-6

一般来说，for循环语句能实现的功能，while循环语句都能够实现。但for循环的优势是，在循环取遍历值时，比while循环更加简洁。for循环无须专门初始化用于控制循环条件的变量，也不需要编写变量递增的代码。通常建议在明确知道循环次数时使用for循环语句，在不明确循环次数的情况下使用while循环语句。

有的时候，我们并不需要将循环全部执行完，在出现某种条件的情况下，可以在循环的过程中跳出循环，不再继续执行。比如，循环读取全校学生的姓名去查找其中一位学生，在循环读取若干个姓名后找到了这个学生的名字，这个时候就可以停止循环，而不需要继续把剩余学生的姓名都读取完，因为后面执行循环没有任何意义。

在 Python 中，跳出循环的方式有两种，一种是 break 语句，另一种是 continue 语句。break 语句的作用是终止整个循环，跳出当前所在的循环语句结构，接下来执行循环语句后面的代码。而 continue 语句并不跳出当前的循环语句，它只是结束循环的这一个轮次，跳过循环体代码段中 continue 语句后面的代码，直接开始执行本循环的下一个轮次。无论 break 语句还是 continue 语句，都既可以用在 while 循环中，也可以用在 for 循环中，功能和用法都是相同的。

break 和 continue 通常搭配 if 语句使用，表示在满足某种条件下就跳出循环。它们的示例代码及运行结果如下（图6-7）：

图6-7

循环结构也可以嵌套，也就是在一个循环语句的循环体代码中，嵌套另一个循环语句。while循环可以嵌套while循环，for循环可以嵌套for循环，while循环和for循环也可以相互嵌套。此外，循环结构和选择结构之间也可以相互嵌套，比如我们前面举例的break语句跳出循环，就是在for循环语句中嵌套if语句。以上提到的各种嵌套都没有层数的限制，只要符合判断逻辑并具备正确的语法，理论上无论嵌套多少层都是允许的。

在执行循环语句的多层嵌套时，外层的循环每执行一个轮次，内层的循环语句就要完整执行完全部的轮次，接着外层循环执行下一个轮次，内层循环又要执行一遍全部的轮次。

在循环嵌套的代码结构中，如果使用break或continue语句，其跳出循环的作用范围仅限于本层的循环，而不会终止或跳出所有的循环体。如果我们想跳出所有层次的循环，一般来说需要在每一层循环中都加入跳出语句。假如我们想对所有层次的循环进行统一跳出控制，可以通过一个全局变量来进行判断，在需要统一跳出时修改这个变量的值，然后每一层循环只需要判断这个变量的值所发生的变化则可以跳出循环。

在循环嵌套的代码书写中，也要特别注意每一层循环体的代码缩进规范。以下是循环嵌套的示例代码及运行结果（图6-8）：

图6-8

我们在前面的章节中介绍过函数的定义和作用，它是一组用于实现特定功能的、可以重复使用的代码段。函数是编程开发中最基本和最重要的代码复用及模块化的方式，函数可以显著提高编程的效率和代码的可读性。一般来说，程序的功能越复杂，代码的数量越多，就越需要对代码进行模块化，使用函数的必要性和收益也越大。在 Python 中，函数分为系统自带的内置函数、导入的第三方函数以及用户自定义的函数。其中内置函数不需要我们自己编写，也不需要额外的导入操作，在需要使用的时候直接调用就可以了，比如我们在前面介绍过的 print 函数、str 函数、range 函数等都属于内置函数。第三方函数一般是由非 Python 官方的其他组织或程序员编写的功能函数，需要导入相应的模块或第三方库之后，才能进行调用。而自定义函数就是在编程过程中程序员自己编写的函数。我们将在本节中详细介绍自定义函数的使用方法。

❶ 函数的调用

不管是内置函数、第三方函数还是自定义函数，在完成导入或定义之后，函数调用的方法都是一致的。所谓函数的调用，就是使用这个函数，通过调用来执行函数定义的这段代码。要调用一个函数，需要知道函数的名称和参数，在函数名后面跟小括号，在小括号中填入函数的参数即可。对于函数的调用者来说，只需要明确该函数参数的传递规则，以及函数执行后的返回值是什么就足够了，至于函数内部的代码结构和内容、执行方式和逻辑流程都无须了解。通过简单的调用来实现函数复杂的功能，这就是使用函数的意义。

函数调用的基本语法格式是：函数名（参数名）。如果函数有返回值，我们可以将函数调用的结果赋值给一个变量，如果没有返回值就只需要执行就可以了。需要注意的是，Python 语言要求函数调用的代码必须放在函数定义的代码后面。这个规则表达的意思就是，你得先告诉 Python 系统这个函数是什么，才能对它进行使用。对于第三方函数和自定义函数来说，就必须把模块导入和函数定义放在函数调用的前面，否则执行调用代码的时候 Python 系统就会报错。

❷ 函数的参数

函数中可以设置参数，设置参数的目的是向函数传递数据，以方便函数对参数进行处理运算。在调用函数的时候，参数填写在函数名后面的小括号中，如有多个参数使用逗号分隔。如果不需要向函数传递数据，函数也可以不设置参数。即便是没有参数的函数，在调用时函数名后面的小括号也是必不可少的。

通常我们把函数定义时设置的参数叫作"形参"，也就是形式参数；而在函数调用时使用的参数叫作"实参"，也就是实际参数。形参和实参的关系，就好比一部电影中角色和演员之间的关系。"形参"是剧本中设置好的角色，在剧中是角色在发挥作用；而"实参"是参与表演角色的演员，在不同的场合，不同的演员都可以表演同一个角色，只要将自己代入剧本的环境中就行了。实参在调用函数时将真实数据传递到函数中，形参在函数内部代替真实数据使用。

一般来说，我们在调用函数时给出的实参，必须跟函数定义时设置的形参保持一致。函数定义时有多少个形参，在函数调用时就需要传入多少个实参。传入实参的位置顺序，也必须与形参定义的顺序一致。传入实参的数据类型，也要使用形参可以接受的数据类型。如果函数调用时传入的实参数量不对，多了或者少了，Python 都可能报错；传入实参的顺序不对，或者数据类型不能被接受，也可能出现报错。只有参数的数量、顺序和数据类型都一一对应，形参和实参才能实现正确匹配。

Python 函数的参数分为几种类型，上述我们提到的参数，可以理解为必需参数。必需参数也叫作"位置参数"，也就是调用函数时所传入的实参，必须与函数定义的参数的位置完全一致，参数的数量和顺序都必须一一对应。除此以外，Python 函数还可以使用另外几种参数类型：关键字参数、默认参数、可变参数。"关键字参数"使用形参的名字来确定输入的参数值，采用"参数名=值"的方式来传递参数，因此在调用函数时无须考虑参数的位置顺序，使函数的参数传递更加方便灵活。"默认参数"是在函数定义时为参数指定默认值，如果函数调用时没有传递这个参数，则自动使用参数的默认值，这样就能有效降低函数调用的难度。"可变参数"是指调用函数时传入的参数个数是可变的，可以是0个或者多个，这些参数以元组的形式被导入函数中，并且无须在函数定义时提前命名。

　　这几种参数类型具体的函数定义和使用方法，读者朋友可以在需要使用时再具体学习。多种参数类型的使用，使得我们所定义的函数可以处理更复杂的功能，也能简化和方便函数的调用。但是多种参数类型的组合使用，会造成函数接口和代码的可理解性变差，建议不要过多地使用或采取过于复杂的参数类型组合。

❸　自定义函数

　　除了内置函数和第三方函数，我们还可以创建自定义函数，以方便程序代码的精简和复用。在 Python 中，函数定义的语法格式如右图（图6-9）：

图6-9

　　其中 def 是函数定义的关键字，也是英文单词 define 的缩写。在 def 后面空一格之后书写自定义函数名，函数的命名规则请参考本书4.4节，但一般来说，函数名应简要表明函数要实现的功能，比如使用主要功能的英文描述单词。函数名后接一对小括号，小括号里面填写函数的形式参数，多个参数之间用逗号分隔，函数定义可以没有参数，但即便不需要参数也必须保留一对空的小括号。最后在小括号后面以冒号结尾，冒号是 Python 语法要求必不可少的。

　　换行之后书写函数体代码段，要在函数体中实现函数的功能，函数体必须进行格式缩进。在函数体中可以使用 return 语句来指定函数的返回值，返回值即是调用函数后得到的结果。函数代码执行时，一旦碰到 return 语句就结束执行并退出函数。return 语句如果后面没有跟返回值，或者函数体内没有书写 return 语句，函数将默认返回 None。

　　我们在编写自定义函数的时候，要养成为函数编写说明文档的好习惯。说明文档用于介绍函数的功能、调用方法和注意事项。它不仅能方便程序员自己在一段时间以后阅读代码时，马上能明白当初编写自定义函数的意义，也能为函数的其他调用者提供便利，实现程序的共享和项目开发的合作。通常来说，函数的说明文档位于函数体内、所有代码的最前面，使用注释的方式来书写。

以下是一个自定义函数的定义和调用的示例及运行结果（图6-10）：

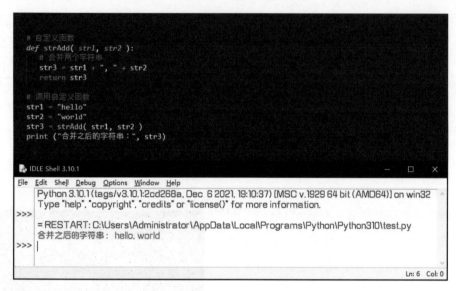

图6-10

6.5　类和对象

Hello, Python!

　　"类和对象"是面向对象编程的核心概念，我们进一步来了解一下"面向对象的编程"。面向对象的编程思想主要针对复杂和大型的软件开发设计，它是对现实生活中的事物的一种更好的模拟和抽象。因为真实的物理世界，并不是按照一套流程化的指令在顺序运行，而是由无数的物体、组织和单位构成，这些物体、组织和单位之间本身各不相同，又相互发生着各种不同的联系和交互。每个物体、组织和单位都有自己不同的特征和属性，分别能做出各自不同的动作或操作。因此我们通常把现实世界中的事物分成不同的种类，比如动物、植物或人类。而对于人类来说，我们每一个不同的人，就是人类具体的实例。我们把这种对世界的理解方式应用到面向对象的编程中，人类就是一个"类"，而每个人就是一个实例"对象"。

　　因此，面向对象的编程思想，首先需要从程序运行的各种主体中抽象出"类"，再根据"类"创建出"对象"。在这种思想中，我们重点关注的不是程序的执行流程，而是程序中存在哪些"类"和"对象"，每个类有哪些属性，分别能执行哪些方法。从本质上来说，面向对象的编程就是把对象作为程序的基本单元，把变量、数据类型、函数和方法都封装到对象中。我们要使用什么功能，首先需要找到执行这种操作的对象。"面向对象编程"相对"函数式编程"进一步提高了代码的模块化程度，减少了重复代码量，使得程序模块容易复用，扩展性更强，更易于维护，能极大提高大型程序的编程效率。但面向对象编程也存在着编写相对复杂、代码书写和阅读流程不符合常规思维的问题。

❶　类和对象相关的名词定义

　　类　对一组具有相同特征和行为的事物的集合，这些特征和行为被称作属性和方法。类是抽象的，它本质上是一种用户定义的类型，可以理解为对象的模板或图纸。类不存在于内存中，不能被直接操作或使用。如前述举例，我们可以把人定义为一个类，人的特征和属性有姓名、性别、年龄等，人的行为和方法有走路、吃饭、睡觉等。

对象　类的具体实例，是根据类这个模板创建出来的，相当于根据图纸制造的实物。每个对象必须有一个对应的类，而一个类可以创建出很多个对象。对象是类的具体化和实例化，所以它可以被直接使用，对象继承了类的属性和方法，被用来完成程序的各种数据处理操作。比如我们每个人，就是人类这个类的具体实例化。

属性　类和对象的特征，在编程中我们用变量来表示类和对象的属性。某一类的属性是这类所有对象都有的，与其他的类不同。比如人类和鸟类的属性不同，人类都有两只手，而鸟类则没有。某一对象的属性则是这个对象实例所独有的，同一个类的不同对象，其属性也可能不同。比如每个人的名字、年龄、身高都各不相同。

方法　用于定义并描述类和对象的行为，在编程中我们用函数来表示类和对象的方法。与属性类似，方法也分为类的公用方法和对象的特有方法。比如人类的行为，都有吃饭、睡觉、走路、说话等，但每个人还有自己特有的技能，比如程序员会编程，音乐家会弹琴，等等。对象可以继承类的方法，也可以改写类的方法，这个过程也叫作"方法的重写"。比如每个人都继承了人类会说话的方法，但有些人除了会说母语，还能说其他的外语，这些人说话的方法就跟其他的人类个体有所不同了。

❷　面向对象编程的特点

抽象　指通过总结和提炼现实世界中某些事物的共同特征和行为，来建立通用模型的过程。所得到的抽象模型就是我们定义的类，这类事物的共同特征和行为就是类的属性和方法。抽象是通过类的建模来简化复杂的现实，所以类是一种抽象的类型而不是对象实例。

封装　定义类的过程就是封装。它把类的属性和方法都封装在内部，通过定义变量和函数来封装类的属性和方法，外界在访问的时候只需要知道变量（属性）和函数（方法）的名字即可。封装也可以理解为对外隐藏类的实现细节，只向类的外部暴露（提供）简单的编程接口。

继承　在定义一个新类的时候，可以从另一个已存在的类继承其所有的属性和方法。这个新定义的类被称为"子类"或"派生类"，被继承的原来的类被称为"父类"或"基类"。子类除了继承父类的属性和方法以外，还可以定义自己特有的属性和方法，以实现特有的功能或具备更强大的能力。继承是对现有类的一种复用，它可以减少重复代码的编写，并增加代码的可用性。

多态　指的是多种形态，同一个类在实例化为不同的对象时，可以表现出不同的形态。多态建立在继承的基础上，子类或对象在继承父类的方法时，可以对方法进行重写。不同的子类或对象在调用父类相同的方法时，可以通过不同的重写方法执行不同的操作，也就呈现出不同的行为。多态可以提高程序代码的灵活性。

❸　类的定义和实例化

Python从设计之初就定位为一门面向对象的编程语言，在Python中一切皆是对象。比如Python的数据类型、变量、函数等都是对象，但这些都是Python语言的内置对象。

有时候内置对象并不能完全满足编程的需求，就需要自定义对象。在Python中创建自定义的类和对象是很容易的事情，类定义的语法格式如右图（图6-11）：

图6-11

在图6-11中，class是Python中定义类的关键字，在class后面空一格之后书写类名。在类名后接一对小括号，小括号里面书写基类列表，表示该类是从哪个类继承下来的。我们说过类的特性之一是继承，所以在定义类的时候可以继承一个或多个基类。小括号和基类列表可以省略不写，这样会默认继承object类。object类是Python中所有类的最顶级父类，所有类默认都会继承object类。在class语句的最后，以冒号结尾，冒号不可缺少。

在换行之后的类代码块中，我们可以定义类属性和类方法。类属性指的是定义在类中的变量，类方法指的是定义在类中的函数，也可以说类属性和类方法其实是类中变量和函数的别称。无论是类属性还是类方法，在定义类的时候都不是必需的，可以存在也可以没有。同时，类属性和类方法的定义并没有固定的先后次序，书写的位置可以随意。但同一个类的所有类属性和类方法，必须保持统一的缩进格式。

在定义好一个类之后，要使用它就需要进行实例化，也就是创建该类的对象。在Python中创建对象的过程类似于函数的调用，直接在类名后加括号，赋值给一个对象变量即可。具体的语法格式如下：

对象变量名 = 类名（）

❹ 属性和方法

定义类属性和类方法的具体语法格式如下（图6-12）：

```
class 类名(基类列表):
    # 定义类属性
    属性名 = 属性值
    # 定义类方法
    def 方法名(self, [参数列表]):
        方法体
```

图6-12

　　类属性的定义和普通变量的定义一样，直接向属性名赋值即可。类方法的定义跟函数的定义类似，使用def关键字，唯一的区别是类方法必须包含一个额外的第一参数self。self代表的是类的实例，类的每个方法都会自动将实例作为第一个参数。这里的self并不是Python的关键字，Python并没有规定一定要使用self，改成this或者别的名字也是可以的，但一般建议统一使用self来命名。

　　在对类进行实例化后，类属性和类方法都可以通过实例对象来访问调用。实例对象调用类属性和类方法的语法格式如下：

　　对象变量名.属性名

　　对象变量名.方法名（实参列表）

　　对象变量名和属性名、方法名之间用点号连接。需要注意的是，虽然在方法定义时设置了第一个参数self，但在方法调用时不需要给self传参，Python解释器会自动将实例对象传递给self。除了self，方法如有其他的参数则在调用时正常传入，与普通函数没有区别。

　　以下是一个类的定义、创建对象、访问属性和方法的完整过程示例及运行结果（图6-13）：

　　一般认为，面向对象的编程适合开发复杂的大型软件，而简单小型的程序使用面向过程的编程更加清晰明了。面向对象和面向过程的编程本没有优劣之分，都是解决程序开发问题的思维和代码组织方式之一。Python是高级而灵活的编程语言，既支持面向对象的编程，也支持面向过程的编程。我们在日常的程序开发过程中，并不是非得使用面

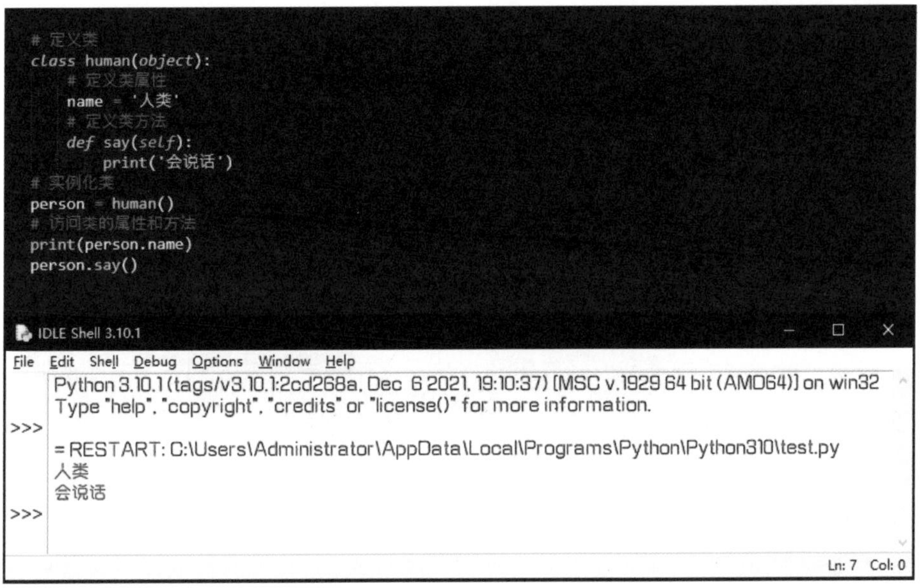

图6-13

向对象的编程方式，不要为了对象而强行使用对象，把一些简单的代码搞得很复杂。但作为一个具备现代思维的程序员，我们需要时刻树立面向对象的编程思想，在适合面向对象编程的地方尽可能地使用这种编程方式。

6.6 文件操作

Hello,
Python!

在编程开发过程中，我们经常需要将数据保存到电脑的文件中，或者需要从电脑的文件中读取数据，比如保存软件的配置文件、操作和错误日志、文本数据储存等。因为在程序运行过程中用于储存数据的变量、序列、对象等都只是存在于内存中，当程序运行结束或电脑断电后这些数据就丢失了。如果我们希望程序运行的数据长期保存，或者期望在程序下次启动时还能使用这些数据，就需要采取措施将数据储存到电脑中。虽然在现代程序开发中大量使用数据库来保存数据，但磁盘文件读写仍然是基础的常用操作，也是学习任何一门编程语言都需要掌握的基本技能。

读取和写入文件是最常见的文件操作，文件内容从磁盘被读取到内存中，在内存中被修改，最后再被保存到磁盘中。在 Python 中读写文件的过程是：打开一个文件对象，然后从这个对象中读取数据，或者把数据写入这个对象，最后关闭文件对象。整个过程分成四个步骤：打开文件、读取文件、写入文件、关闭文件。每个步骤都通过 Python 内置的函数来实现。下面我们将作具体的介绍。

❶ 打开文件

在 Python 中打开文件使用 open 函数，调用该函数返回一个文件对象，后续的文件读写都是通过 open 函数打开这个文件对象来完成的。open 函数的基本语法格式及常用参数如下：

文件对象变量名 = open（"文件路径和文件名", "打开模式", encoding="编码格式"）

第一个参数中的"文件路径"是必填参数，它指定要打开哪个文件。如果没有写文件路径只写文件名，Python 将默认在程序所在的当前目录中查找文件。

"打开模式"决定了文件打开后可以进行哪些操作。它是可选参数，如果不填，默认采用 r 只读模式打开文件。不同的打开模式具体说明如下：

r：只读模式，只能读取不能写入。

w：只写模式，清空文件内容后覆盖写入。

a：追加只写模式，在文件内容末尾追加写入。

+：可读可写模式。

b：二进制模式。

x：创建文件。

上面的r、w、a都是文本模式，而b是二进制模式。我们通常将电脑的文件分为文本文件和二进制文件两种。文本文件存放的是普通的字符，可以用文本编辑器查看，如Windows系统中可以用记事本程序查看。我们所编写的Python程序的源代码文件，就是一种文本文件。而二进制文件存放的内容全部是二进制的0和1，它不是给人阅读的，用文本编辑器打开后是乱码，无法直接查看，需要用特定的软件解码后才能识别。例如图片、音频、视频文件、Word和Excel文件等，都是二进制文件。open函数用文本模式打开文件后，处理数据的单位是"字符"；用二进制模式打开文件后，处理数据的单位是"字节"。

上述的几种文件打开模式，可以组合使用。例如r+、w+、a+都是以可读可写的模式打开文件，读取时r+和w+从文件头开始，a+从文件结尾开始，写入时r+从文件头开始覆盖写入的字符长度，w+先清空文件再从头开始写入，a+从文件尾开始追加写入。而rb、wb、ab则是分别以只读、只写、追加模式和二进制格式来打开文件。

"编码格式"encoding用于指定打开文件所用的字符编码。它也是可选参数，如果不填将采用计算机的默认编码格式。需要注意的是，指定编码格式仅用于以文本模式打开的文件，当打开模式为二进制模式时，后面不能填写encoding参数。

❷　读取文件

在用open函数打开文件之后，Python提供了read、readline、readlines这三种函数来读取文件的内容：

read函数　默认一次性读取文件中的所有内容。但如果文件的内容数据特别大，那一次性读取就会给电脑内存造成巨大的风险，所以一般需要给read函数指定读取的数据量，调用的格式是：read（数量）。这里数量的含义根据文件的打开模式有所不同，如果以二进制模式打开文件，这个数量的单位是字节；如果以文本模式打开文件，那么这个数量的单位就是字符，不管是一个数字、一个英文字母，还是一个中文汉字都算一个字符。

readline 函数　读取文件内容的一行。与 read 函数类似，如果一行的内容太多，或者不想一次性读取完一行的全部内容，也可以给 readline 函数添加数量参数，调用格式是：readline（数量）。数量的含义与 read 函数相同。

readlines 函数　也是按行读取文件内容，与 readline 函数不同的是：readlines 一次性读取文件中的所有行，且函数返回的是一个列表对象，列表的每个元素存放文件中每一行的内容。同样的，readlines 函数也可以添加数量参数，调用格式是：readlines（数量）。

需要注意的一点是，无论 read、readline 还是 readlines 函数，都要求前面使用 open 函数时必须以可读的模式打开文件，才能成功读取文件内容。如果 open 函数以只写模式打开文件，那么在调用读取函数时 Python 程序将会报错，提示文件没有读取权限。

❸ 写入文件

Python 中写入文件的函数是 write 和 writelines 这两种，请注意与读取文件的函数不同，没有名为 writeline 的写入函数。

write 函数　将指定的内容写入文件。调用格式是：write（内容）。调用函数后返回写入内容的长度。通常用 write 函数写入的内容是一个字符串。

writelines 函数　将一个序列列表写入文件。调用的格式是：writelines（列表）。通常使用 writelines 函数将多个字符串一次性写入文件，列表中的每个元素就是一个字符串。

同样需要注意的一点是，无论调用 write 还是 writelines 函数，都要求前面使用 open 函数时必须以可写的模式打开文件，才能成功向文件中写入内容。如果 open 函数以只读模式打开文件，那么在调用写入函数时 Python 程序也将报错。

❹ 关闭文件

用 open 函数打开的文件，在完成读取或写入操作之后，必须关闭！这是因为 Python 的垃圾回收机制，并不会自动回收 open 函数打开文件所占的系统资源。如果打开的文件过多过大，会一直占用内存且无法释放，严重时会造成系统运行缓慢甚至崩溃。另一个必须关闭文件的关键原因是，我们用 open 函数打开文件是将文件内容读取到电脑内存中，然后读取和写入操作都是在内存中进行的，调用写入函数修改文件内容时也是先把数据储存到内存的缓冲区，数据并不会立刻被保存到电脑磁盘的文件中；只有在关闭文件的时候，系统才会保证把缓冲区中没有写入的数据全部写入磁盘文件中，关闭文件也就是把文件从内存中再保存回磁盘的过程。如果用 open 函数打开文件后不关闭，写入函数的数据可能只写了一部分并没有完全写入成功，那么，我们要对文件进行的修改并没有真正生效，从而造成数据丢失，而且在程序执行的过程中 Python 解释器也不会报错。

要关闭用 open 函数打开的文件，需要使用 close 函数。调用的语法格式是：文件对象变量名 .close（）。在调用 close 函数关闭文件后，不能再对其进行读写操作。

❺ 操作示例

下面我们通过一个程序示例，来演示我们上面介绍的 Python 文件操作函数。程序中我们先以只写的模式打开文件，打开后向文件中写入"hello, world"的字符串，然后关闭文件。接下来我们再用只读模式打开文件，读取文件的全部内容后输出显示，最后也要关闭文件。以下是程序的详细代码和运行结果（图6-14）：

```python
# 打开文件，只写模式
file = open("test.txt", "w")
# 写入文件
file.write("hello, world")
# 关闭文件
file.close()
# 打开文件，只读模式
file = open("test.txt", "r")
# 读取文件内容
text = file.read()
print(text)
# 关闭文件
file.close()
```

```
IDLE Shell 3.10.1                                              —    □    ×
File  Edit  Shell  Debug  Options  Window  Help
    Python 3.10.1 (tags/v3.10.1:2cd268a, Dec 6 2021, 19:10:37) [MSC v.1929 64 bit (AMD64)] on win32
    Type "help", "copyright", "credits" or "license()" for more information.
>>>
    = RESTART: C:\Users\Administrator\AppData\Local\Programs\Python\Python310\test.py
    hello, world
>>>  |
                                                                    Ln: 6  Col: 0
```

图6-14

在上面的程序示例中，我们使用 open 函数打开文件后返回一个文件对象 file，后续的读取文件 read 函数、写入文件 write 函数和关闭文件 close 函数都是通过 file 这个文件对象的调用来完成的。

❻ 免关闭方式

在上述文件操作的过程中，如果在打开文件后读写操作的过程比较长，中间可能还有其他功能代码，一旦发生磁盘读写错误或者程序执行 bug，那么将导致程序终止而未能执行到后面的 close 语句，这样文件将无法关闭，可能出现写入内容未完成和数据丢失的情况。另外，虽然养成始终关闭文件是程序员的良好习惯，但只要是人就会犯错，事实证明忘记书写关闭文件的 close 语句是时有发生的事情。所以采用 close 函数来关闭文件，是一种并不十分保险的操作方式。

幸好，Python 提供了另一种免关闭的文件操作方式：使用 with as 语句。这种用法也叫"上下文管理器"（context manager），它让我们只管打开文件然后读写文件，不需要自己手动在最后添加 close 函数来关闭文件，Python 系统会在合适的时候自动将其关闭。使用 with as 语句免关闭方式操作文件，即便在读写文件期间发生了运行错误，也能保证自动关闭已打开的文件，自动释放系统资源，写入文件的内容也能确保完成修改。with as 语句的基本语法格式如下，其中各项参数的用法与 open 函数一致：

with open（"文件路径和文件名", "打开模式", encoding="编码格式"） as 文件对象变量名。

我们把上面的文件打开、写入、读取的操作示例程序，改造成使用 with as 语句的免关闭方式，程序的详细代码和运行结果如下（图6-15）：

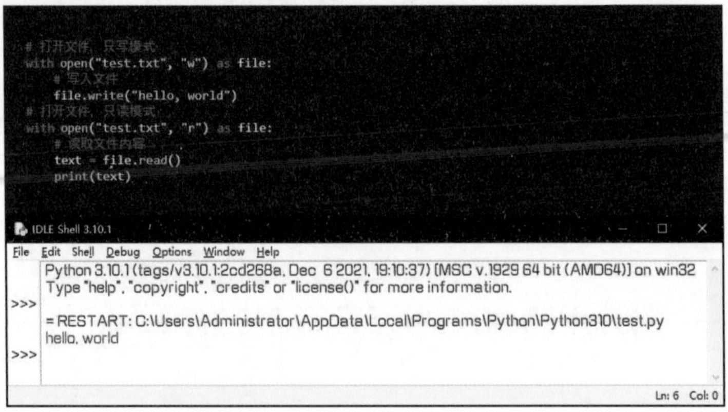

图6-15

我们强烈建议在所有操作文件的程序代码中都使用with as语句，它不用书写close语句，代码更加方便简洁，而且更加安全和保险。

❼ 文件的系统操作

在实际应用中，除了我们上面介绍的打开文件和读写文件的操作，还会碰到对文件本身进行删除、重命名，对文件目录进行创建、删除等系统级操作。在Python中，要用程序来实现这些对文件和目录的功能操作，需要导入Python标准库自带的操作系统接口os模块或os.path模块，然后调用模块中指定的接口函数来实现。以下是一些常用函数：

rename（原文件名,新文件名）：修改文件名。

remove（文件名）：删除文件。

listdir（目录名）：获取目录中所有文件名称的列表。

mkdir（目录名）：创建目录。

rmdir（目录名）：删除目录，注意只能删除内容为空的目录。

在本书5.3节"用Python批量修改文件名"中，我们调用os模块的函数实现了文件名读取和文件名修改。在这里我们通过另一个示例程序，实现文件的删除、文件目录的创建和删除，程序的详细代码如图6-16。

```
# 导入模块
import os
# 删除文件
os.remove('test.txt')
# 创建目录
os.mkdir('testdir')
# 删除目录
os.rmdir('testdir')
```

图6-16

6.7 异常处理机制

任何程序的运行都有可能会出错,即便是一个优秀的程序员编写的所有代码都符合语法规范,即便是需要编译的编程语言在编译通过的情况下,都有可能在程序运行的过程中出现错误。比如在一系列数学运算中的代码中有一个除法算式,算式根据输入的变量进行计算,在输入大多数数值的情况下程序都能正常运行,但是在输入某些特定数值的时候这个除法算式的除数却变成了0,而我们知道除法在任何时候都是不允许除以0的,所以程序在运行到这个除法算式的时候就会出错。除此以外,程序运行中的数组元素越界、数据类型不匹配、文件读写错误等,也是常见的导致运行错误的原因。

这种在程序运行过程中出现的错误,我们把它叫作"异常"(Exception)。在程序运行出现异常的时候,如果我们不做任何处理,程序就会崩溃并终止运行,在出错代码后面的程序都无法继续执行。而实际应用中的很多程序,其实都需要长时间保持运行状态,即便是因某些特殊情况出现了错误,我们也希望程序不要退出,在提示出错原因后继续执行其他正常的功能和响应。因此,这就需要我们对程序的异常进行判断和处理,而处理异常的过程和方法,就是编程语言的异常处理机制。

借助异常处理机制,Python可以对程序运行过程中的错误进行捕获和针对性处理,输出显示一些易于理解的提示信息,以免让用户直接看到Python系统本身给出的晦涩的错误信息。同时让程序继续执行后面的代码,避免出现崩溃退出,保持程序持续正常运行。不仅如此,异常处理机制还能在程序出现错误的时候进行必要的补救工作,例如在进行文件操作的时候发生读写错误,我们就可以在出错时即时操作关闭文件,以释放内存占用。我们可以预判有可能发生错误的程序位置,使用异常处理机制对异常进行识别判断,并编写适当的除错程序代码,使程序拥有更好的容错性、稳定性、健壮性以及交互的友好性。

在Python中,异常处理机制使用try、except、else、finally这几个关键字,其处理异常的基本语法结构如下(图6-17):

在图6-17的结构中，我们把原本要执行的程序放在 try 语句后面的代码块里。这些在 try 结构中的代码如果在执行过程中发生错误，会被 Python 异常处理机制捕获，这个过程被称为"引发异常"。Python 解释器将为捕获到的异常自动生成一个异常对象，并将该异常对象交给后面的 except 语句处理。类似于 if 等语句，try 语句也可以多级嵌套，

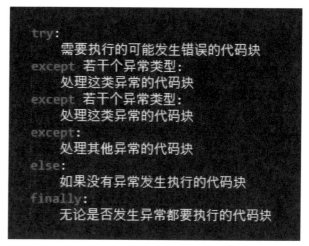

```
try:
    需要执行的可能发生错误的代码块
except  若干个异常类型:
    处理这类异常的代码块
except  若干个异常类型:
    处理这类异常的代码块
except:
    处理其他异常的代码块
else:
    如果没有异常发生执行的代码块
finally:
    无论是否发生异常都要执行的代码块
```

图6-17

但每一级异常处理机制，只能有一个 try 语句。我们在任何编程开发的过程中，如果担心或是怀疑某段代码可能会运行出错，就可以把这部分代码放到 try 语句的代码块中，开启 Python 的异常处理机制来运行这段代码。

except 语句用来处理 try 语句捕获到的异常。Python 程序在运行出错的时候，不同的错误会生成不同的异常类型。我们可以在 except 关键字后面书写异常的类型，然后在 except 语句后面的代码块书写针对这种异常类型的处理代码。每一级异常处理机制，except 语句可以有一个，也可以有多个，每个 except 语句指定不同的异常类型，针对不同的异常类型进行不同的功能处理。但每一个 try 语句需要至少对应一个 except 语句，因为 Python 解释器会为被 try 语句捕获到的异常寻找对应的 except 语句来进行处理，如果找不到能处理该异常类型的 except 语句，则捕获到的异常将无法处理，Python 程序就还是会终止退出。一个 except 语句可以同时处理多种类型的异常。如要处理多种类型，在 except 关键字后面跟一对小括号，小括号里面填写多种异常类型，不同类型之间用逗号分隔，例如 except （异常类型1,异常类型2,异常类型3），这个 except 语句就可以同时处理这三种类型的异常。如果 except 关键字后面没有跟异常类型，那么这个 except 语句就默认可以处理任意类型的异常。我们通常把这种方式作为最后一个 except 语句，用来处理前面的 except 语句已经指定过的类型以外的所有异常。虽然 except 语句不指定异常类型就可以处理所有可能的类型，看似更加方便快捷，但这样我们也无法得知错误的类型和程序出错的具体原因，也就无法帮助我们查找和解决出现的问题。因此我们在编写异常处理机制的代码时，还是要尽可能地细分有可能出现异常的类型，进行有针对性的

处理，并根据异常类型来定位产生异常的原因。对于其他无法明确原因的异常，才通过最后的万能 except 语句来统一处理，作为兜底，以避免程序出现崩溃而终止运行。不管一个 try 语句后面跟了几个 except 语句，不管出现什么类型的异常，最终都只有一个 except 分支的代码块会被执行，不可能有多个 except 分支被执行。如果 try 代码块的语句执行没有出现任何异常，那么就不会执行任何一个 except 代码块。

在所有 except 语句的后面，可以添加一个可选的 else 语句，else 语句后的代码块在 try 代码块没有发生任何异常时执行。也就是说，如果在程序执行过程中 try 语句没有捕获到任何异常，正常执行完 try 代码块的所有代码后，将跳过全部 except 语句，接着执行 else 代码块中的程序。相反，当 try 代码块捕获到任何的异常，在执行完对应 except 语句的异常处理代码之后，就将跳过 else 代码块，去执行后面的程序代码。else 代码块在 Python 异常处理机制中并不是必需的，而且每一级异常处理机制，最多只能有一个 else 语句。else 语句必须与 except 语句搭配使用，如果不存在 except 代码块，就不能使用 else 语句。

在 Python 异常处理机制的最后，还提供了一个可选的 finally 语句，用来为 try 代码块的程序进行清理扫尾工作。except 代码块是在出现异常时执行，else 代码块是在没有出现异常时执行，而 finally 代码块无论是否发生异常都要执行，它是 Python 异常处理机制结束前执行的最后一项任务。所谓清理扫尾工作，指的是在 try 代码块的程序功能中可能使用了一些物理资源，比如打开磁盘文件、连接数据库等，如果在使用这些资源的代码执行过程中出现了异常，那么可能还没有执行到关闭文件和数据库的代码时，程序就中断了。所以合理的操作方法是，将这些关闭文件和数据库资源的执行代码统一放到最后的 finally 语句中，这样无论 try 代码块是否捕获到异常，在任何情况下都会执行 finally 代码块，相当于执行释放资源的清理工作。在 finally 语句的前面，可以只和 try 语句搭配，语法上可以没有 else 语句，甚至也可以没有 except 语句。没有 except 语句，或者 except 语句定义的错误类型不全，会造成 try 语句捕获异常后没有合适的 except 语句进行处理，这种情况下程序还是会终止运行，但在程序崩溃退出前，最后也都会进入 finally 语句，并执行 finally 代码块的操作内容。与 else 语句类似，finally 语句也不是必需的，每一级异常处理机制也只能有一个 finally 代码块。

总体来说，Python 异常处理机制的执行流程如下：首先执行 try 语句的代码块，如果执行过程中发生错误，则从错误位置到 try 代码块结尾的剩余代码将不再执行，系统会自动捕获一个出错的异常对象。Python 解释器根据这个异常对象的类型，寻找已定义该异常类型的except语句，如果找到执行该except语句的代码块，就能对异常进行处理。其中，没有指定异常类型的except语句，能够处理所有类型的异常。如果try代码块在执行的过程中没有发生任何异常，则将忽略except语句而去执行else语句的代码块（如果有）。在except或else代码块执行完毕后，最后执行finally语句的代码块（如果有）。如果在发生异常的情况下Python解释器没有找到能处理这种异常类型的except语句，程序将在执行完finally代码块之后终止并退出。如果对于捕获的异常系统能找到对应的except代码块进行处理，处理完毕后程序将不会终止，并继续执行后续的程序代码。Python的这种异常处理机制，使发生异常错误的程序得以继续运行。

　　下面我们通过一个具体的例子，来完整演示Python的异常处理机制。例子中的input函数是Python的标准输入函数，它用来接收一个键盘输入的数据，函数返回的数据类型是字符串string类型。示例程序的代码和运行测试结果如下（图6-18）：

```
a = 100  # 赋值被除数
b = input('请输入除数：')  # 赋值除数
# 使用循环语句重复来取输入的除数进行计算
while b!='exit':
    try:
        c = a / int(b)  # 除法
    except ValueError:
        print('输入错误，必须输入数值')
    except ZeroDivisionError:
        print('输入错误，除数不能为零')
    except:
        print("发生其他异常")
    else:
        print(a, '除以', b, '的结果是：', c)  # 没有发生异常的时候执行
    finally:
        print('继续下一次计算，如需退出请输入exit……')  # 无论是否出现异常都会执行
    b = input('请重新输入：')
print('程序结束。')
```

```
IDLE Shell 3.10.1                                                    □   ×
File  Edit  Shell  Debug  Options  Window  Help
    Python 3.10.1 (tags/v3.10.1:2cd268a, Dec 6 2021, 19:10:37) [MSC v.1929 64 bit (AMD64)] on win32
    Type "help", "copyright", "credits" or "license()" for more information.
>>>
    = RESTART: C:\Users\Administrator\AppData\Local\Programs\Python\Python310\test.py
    请输入除数：b
    输入错误，必须输入数值
    继续下一次计算，如需退出请输入exit……
    请重新输入：0
    输入错误，除数不能为零
    继续下一次计算，如需退出请输入exit……
    请重新输入：5
    100 除以 5 的结果是：20.0
    继续下一次计算，如需退出请输入exit……
    请重新输入：exit
    程序结束。
>>>
                                                              Ln: 16  Col: 0
```

图6-18

　　在图 6-18 的程序代码中，先定义了被除数和输入除数；然后通过 while 语句来循环多次输入测试，在判断不是退出指令 exit 的情况下，使用 Python 异常处理机制的 try 语句运行除法算式；后面的两个 except 语句分别指定了 ValueError 和 ZeroDivisionError 这两种异常类型，并在对应的代码块中处理输出提示，结尾还补充了一个没有定义异常类型的 except 语句，这一语句用于处理其他未知错误；接下来的 else 代码块是在 try 代码块的除法算式没有发生异常的情况下，正常输出显示被除数、除数和除法计算的结果；最后的 finally 代码块，定义了无论是否出现错误都要输出的继续下一次的提示。如果在输入时键入了 exit 指令，程序将退出循环并结束，但这是我们主动控制的结束；而在我们输入错误造成除法计算发生异常时，程序并不会崩溃退出，因为异常处理机制帮我们对错误进行了捕获和处理。在示例中，我们一共进行了四次输入测试：第一次输入的数据类型不对，第二次输入的除数为 0，但这两次错误都调用了相应的 except 代码块进行异常处理，保证了程序继续按照流程正常运行；然后第三次我们输入符合要求的数值，除法计算就没有发生异常并正确输出了计算的结果；最后第四次输入退出指令 exit，程序才正常受控退出。通过这样的异常处理机制，使我们的程序有了足够的容错性，让用户可以随意进行输入，程序不会因为用户输入的不规范而崩溃退出，程序会根据异常情况向用户提示输入的问题和建议，用户可重复输入和多次尝试。

第**7**章

经典算法和
程序问题的
Python 实现

你好，
Python

7.1 斐波那契数列

Hello, Python!

斐波那契数列（Fibonacci Sequence）是一个数学术语，它因为被意大利数学家 Leonardo Fibonacci（莱昂纳多·斐波那契）首先提出而得名。斐波那契数列是指一个数字序列，这个序列从第三个数字开始，每一个数字都等于前两个数字之和。将它直观地写出来，就是这样一列数字：1、1、2、3、5、8、13、21、34、55……如果用数学的方法对斐波那契数列进行定义，可以写成这样的公式：F（1）=1，F（2）=1，F（n）= F（n-1）+F（n-2）（n≥3）。因为斐波那契本人最初在描述这个数列的时候，使用兔子繁殖的数量来举例，所以斐波那契数列也被称为"兔子数列"。又因为当斐波那契数列的数字个数趋于无穷大的时候，前一个数字与后一个数字的比值，越来越接近黄金分割数的近似值 0.618，所以斐波那契数列又被称为"黄金分割数列"。

虽然斐波那契数列看似简单，但却是数学中的经典概念。在数学领域，除了黄金分割，斐波那契数列还出现在杨辉三角、排列组合、斐波那契矩形、斐波那契螺旋线等众多的应用当中。在自然界，向日葵的种子、树木的分枝、花朵的花瓣、植物的叶序……都呈现出斐波那契数列的排列规律。此外，在物理、化学、计算机、金融股市等各个领域，斐波那契数列都有着直接和广泛的应用。在美国，还成立了一个斐波那契协会，甚至出版了一份专业的数学杂志——《斐波那契季刊》，专门刊登与斐波那契数列相关的研究成果。

在本节中，我们尝试用 Python 语言来实现斐波那契数列，也就是用程序生成一个斐波那契数列。详细的程序代码如下：

```
1    nMax = 100   # 定义要实现的斐波那契数列的数字个数
2    n = 1   # 定义计数器，从1开始
3    Fstr = "斐波那契数列的前" + str(nMax) + "位:\n"   # 定义用于最后输出显示的
     字符串
```

```
4     # 使用while循环结构生成斐波那契数列
5     while n<=nMax:
6         if n==1:  # 数列的第一个数
7             Fn = 1
8         elif n==2:  # 数列的第二个数
9             Fn = 1
10            Fn_1 = 1
11        elif n>=3:  # 从第三个数开始
12    # 始终保存前两个数字用于计算
13            Fn_2 = Fn_1
14            Fn_1 = Fn
15    # 计算前两个数字之和
16            Fn = Fn_1 + Fn_2
17        Fstr = Fstr + str(Fn) + "、"  # 添加到输出显示的字符串中
18        n = n + 1  # 计数器累加

19    # 最后输出显示生成的斐波那契数列
20    print(Fstr, "……")
```

在上面的代码中：第1—3行分别定义程序要生成的斐波那契数列的数字个数、用于生成数列的计数器、存放最后输出显示使用的字符串；第4—18行使用一个循环结构来逐个生成斐波那契数列的每个数字，其中的if－elif选择结构针对数列的个数分别是1、2和3及以上的不同情况，从第3个数字开始，每个数字始终等于前两个数字之和，然后在每一轮循环的结尾，将数列新生成的数字添加到输出字符串的末尾，最后将控制循环次数的计数器加1；在循环结束之后，第20行打印输出存放整个数列的字符串。运行以上程序代码，得到的运行结果如下（图7-1）：

```
IDLE Shell 3.10.1                                                    —    □    ×
File  Edit  Shell  Debug  Options  Window  Help
    Python 3.10.1 (tags/v3.10.1:2cd268a, Dec 6 2021, 19:10:37) [MSC v.1929 64 bit (AMD64)] on win32
    Type "help", "copyright", "credits" or "license()" for more information.
>>>
    = RESTART: C:\Users\Administrator\AppData\Local\Programs\Python\Python310\7.1.py
    斐波那契数列的前100位:
    1、1、2、3、5、8、13、21、34、55、89、144、233、377、610、987、1597、2584、4181、6765、
    10946、17711、28657、46368、75025、121393、196418、317811、514229、832040、1346269、2
    178309、3524578、5702887、9227465、14930352、24157817、39088169、63245986、10233
    4155、165580141、267914296、433494437、701408733、1134903170、1836311903、2971215073
    、4807526976、7778742049、12586269025、20365011074、32951280099、53316291173、862
    67571272、139583862445、225851433717、365435296162、591286729879、956722026041、1
    548008755920、2504730781961、4052739537881、6557470319842、10610209857723、17167
    680177565、27777890035288、44945570212853、72723460248141、117669030460994、1903
    92490709135、308061521170129、498454011879264、806515533049393、1304969544928657
    、2111485077978050、3416454622906707、5527939700884757、8944394323791464、14472
    334024676221、23416728348467685、37889062373143906、61305790721611591、991948530
    94755497、160500643816367088、259695496911122585、420196140727489673、6798916376
    38612258、1100087778366101931、1779979416004714189、2880067194370816120、466004661
    0375530309、7540113804746346429、12200160415121876738、19740274219868223167、3194
    0434634490099905、51680708854858323072、83621143489848422977、1353018523447067
    46049、218922995834555169026、354224848179261915075、……
>>>  |
                                                                      Ln: 7  Col: 0
```

图 7-1

7.2 递归算法

Hello,
Python!

递归（recursion）是数学和计算机科学中一个重要的概念，是一种解决和简化复杂问题的有效方法，也是程序设计中广泛使用的一种经典算法。递归的主要思想，就是把复杂的大问题逐级分解为相对简单但形式相同的小问题，一直分解到问题小得可以直接解决，也可以理解为用同样的方法去解决规模大小不同的问题。顾名思义，这个"递"字可以理解为传递，"归"字可以理解为归还，也就是把问题一级级地传递下去，一环套一环地解决问题，最后再把结果一级级地归还回来。递归是一个较为抽象的逻辑概念，每一个初学者都会感到比较难以理解，这是正常的，读者朋友不用感到困惑。

但我们可以化繁为简，在 Python 编程中将递归算法简单地理解为，函数"自己调用自己"的方法。如果一个函数在函数体的内部，调用了函数自身，那么这个函数就被称为"递归函数"。递归函数在每次调用时传入的参数不同，一直重复调用到递归的终止条件时，也就是那个能直接解决问题的程度时，停止调用自身并将结果层层返回。可以说递归算法的核心和本质，就是"自己调用自己"。

要设计一个递归算法的程序，首先要归纳提取出重复解决问题的逻辑，写出递归表达式，也就是每次调用都需要执行的过程。其次必须要有一个递归终止的条件，也就是递归的出口。没有终止条件的递归调用将成为死循环，最终导致内存溢出而使程序崩溃。此外还要给出递归终止时的处理办法，也就是在将问题分解到最简单的情况下，直接给出解决问题的答案。

使用递归算法编写程序，其程序代码往往异常简洁，结构清晰。虽然粗看起来难以理解，但厘清思路后反而觉得逻辑更加简单，而且能显著减少代码数量。但是递归函数的每一次调用，都会占用内存空间，当递归调用的层级太多时，就会导致溢出。在 Python 中，对这个最多调用的层级是有深度限制的，也可以修改调整，当超出设置时就会抛出异常。而且递归调用函数，会引起大量的重复计算，使程序执行的效率低下。所以递归算法并不适合所有场合，特别是对于执行时间和运行效率比较敏感的场景，或是重复调用次数特别多的情况，就不推荐使用递归算法来设计程序。总体来说，递归确实是一种奇妙的思维方式，它使用有限的语句来描述无限的处理过程，用非常少的程序代码来解决非常复杂的问题，递归的代码总是优雅而极具美感的。

递归算法和我们前面学过的循环结构有很多相似之处，都是执行重复任务，都是利用计算机重复计算的特性来解决复杂的问题。实际上在大多数应用场景中，循环算法和递归算法都是能够相互转换替代的。但递归和循环，是两种不同的解决问题的思路，分别有各自的代码风格，程序执行效率也有所不同。循环算法通常有一个变量作为循环计数器，用计数器来控制循环次数，每一轮循环会对计数器的值进行判断和修改；而递归算法一般没有计数器变量，而是在每一次调用自身的过程中通过函数的参数来传递值。从程序算法设计的角度上比较，递归和循环并无优劣之别，相对来说循环结构更容易阅读理解，递归算法的代码更加简洁，而执行效率方面通常循环比递归的性能更高。

递归算法主要用于通过重复执行相同的过程来解决的复杂问题，比如斐波那契数列、阶乘问题、汉诺塔问题、链表、二叉树、广义表、快速排序、遍历文件、解析 xml 等应用场景。此外，递归算法还是程序员考试和程序员招聘时经常会出现的题目，所以从算法学习的角度来说，每一个程序员都应该掌握递归算法。在编程学习中，递归算法最典型的应用案例就是生成斐波那契数列。在上一节中用 Python 程序生成斐波那契数列，使用的是循环的方法，本节中我们把生成数列的程序改造为用递归算法实现，详细的程序代码如下：

```
1   nMax = 20   # 定义要实现的斐波那契数列的数字个数
2   n = 1   # 定义计数器,从1开始
3   Fstr = "斐波那契数列的前" + str(nMax) + "位:\n"   # 定义用于最后输出显示的
    字符串

4   # 递归函数
5   def fibonacci(n):
6       if n==1:   # 数列的第一个数
7           Fn = 1
8       elif n==2:   # 数列的第二个数
9           Fn = 1
10      elif n>=3:   # 从第三个数开始
```

```
11              # 计算前两个数字之和
12              Fn = fibonacci(n-1) + fibonacci(n-2)
13          return Fn  # 函数返回值
14      # 调用递归函数
15      while n <= nMax:
16          Fstr = Fstr + str(fibonacci(n)) + "、"  # 添加到输出显示的字符串中
17          n = n + 1  # 计数器累加

18      # 最后输出显示生成的斐波那契数列
19      print(Fstr, "……")
```

在上面的代码中，第1—3行分别定义程序要生成的斐波那契数列的数字个数、用于生成数列的计数器、存放最后输出显示使用的字符串。因为采用递归算法后程序运算时间呈指数增长，考虑到执行等待时间长短，这里就只生成斐波那契数列的前20个数字，比上一节的个数少很多。第4—13行定义一个递归函数，其中函数的参数n等于1和2的时候就是递归的结束条件，也是递归算法的出口，n大于等于3时执行的就是递归表达式。第14—17行使用一个while循环结构来逐个生成斐波那契数列的每个数字，每个数字生成的时候都是通过调用递归函数来实现的，也是在每一轮循环中将新生成的数字添加到输出字符串末尾。最后在程序结尾第19行，打印输出存放整个数列的字符串。运行以上程序代码，得到的运行结果如下（图7-2）。如果通过修改第1行来反复测试生成不同个数的数列需要的运算时间，我们就会发现递归的执行效率大幅低于循环算法。

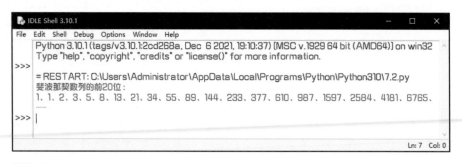

图7-2

除了斐波那契数列，我们再举一个运用递归算法的例子，即数列的累加：1+2+3+4+…+100，也就是从1加到100或者继续加到n，求累加的和。详细的程序代码如下：

```
1    # 定义要累加的数字个数
2    nMax = 100


3    # 定义递归函数
4    def summation(n):
5        if n == 1:  # 递归的出口
6            sum = 1
7        else:
8            # 对每个数字进行累加
9            sum = n + summation(n - 1)
10       return sum  # 函数返回值
11   # 调用递归函数
12   sumTotal = summation(nMax)


13   # 输出显示累加的计算结果
14   print("从 1 累加到 ", nMax, " 的和是:", sumTotal)
```

在上面的代码中，第2行定义要累加的数字个数。第3—10行定义一个递归函数，其中n等于1的时候是递归结束条件，其他时候则调用递归函数进行累加。第12行初始调用函数，传入要累加的最大数字。最后第14行输出显示累加的结果。运行以上程序代码，得到的运行结果如下（图7-3）：

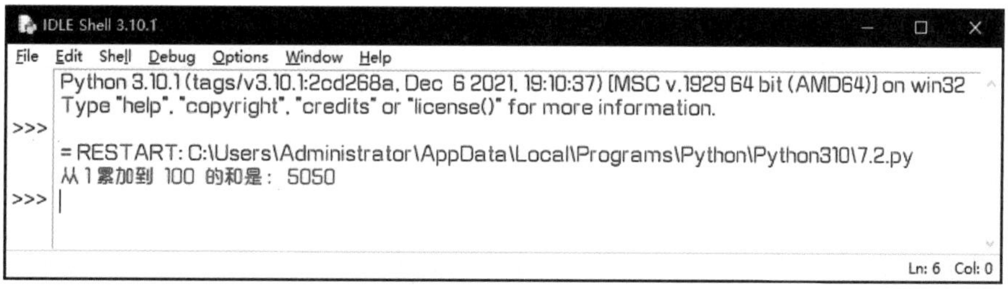

图7-3

7.3 排序算法

Hello,
Python!

　　排序，是计算机程序设计中永远绕不过去的话题，是所有编程开发中最基础和最重要的算法之一。在日常的应用程序中，经常会碰到需要对数组、数列、字符串进行排序的情况，比如商品的价格排序、任务的时间排序、对象按类别排序等。排序算法在很多领域都有重要的应用，特别是对大数据处理显得特别关键。另外排序算法也是招聘中经常出现的考题，是每个程序开发人员都必须掌握的技能。

　　所谓排序，就是把一个序列的元素按照一定的顺序进行重新排列。而排序算法，就是如何去实现排序操作的编程方法。通常排序需要指定一个关键字作为排序的依据，排序的结果有升序（递增）和降序（递减）两种区别。经过排序处理后的数据序列，不仅有利于在客户端进行展示，而且方便对序列中的数据进行筛选和定位，提高程序计算的效率。

　　排序算法可以按照不同的特性分类，例如可以分为比较类排序和非比较类排序，也可以分为内部排序和外部排序，还可以分为稳定排序和不稳定排序等。评价一个排序算法的好坏，主要考虑这几个因素：时间复杂度、空间复杂度、稳定性、适用场景。一个优秀的排序算法，可以显著减少程序的时间消耗、节省空间等系统资源。对于编程初学者来说，常见的排序算法有冒泡排序、选择排序、插入排序、快速排序、归并排序、希尔排序、基数排序、计数排序、堆排序、桶排序等。

　　在本节中，我们介绍两种常用的排序算法并用Python程序来编程实现。第一个排序算法是"冒泡排序"。冒泡排序的总体思路是把最大或最小的元素依次移到序列的结尾，其基本排序过程是：从序列的第1个元素开始，依次与自己相邻的元素比较，如排序规则是递增，比较发现第1个比第2个元素大，则交换这两个元素的位置，如果规则是递减则相反。比较完第1和第2个元素，再接着比较第2个和第3个元素，依此类推，直到比较完倒数第2个和最后1个元素，就完成第一轮比较。第一轮比较完成后，如果排序规则是递增，则最大的那个元素就已经移到了序列的最后一个。然后开始第二轮比较，还是从第 1 个元素开始，依次比较相邻的两个元素，但这一轮比较不包括最后 1 个元素。因为最后 1 个元素在第一轮比较中已经是整个序列最大的那个元素了。在完成第二轮比较后，序列的倒数第 2 个元素就是整个序列第二大的元素。这样依次完成很多轮比较，最后一轮比较，就只需要比较一次第 1 和第 2 个元素。在比较的每一个轮次中，当前最大的那个元素从第 1 个元素依次交换到最后 1 个元素，就好像气泡一样浮出序列的顶端，所以这种排序算法就被称为"冒泡排序"。在完成全部轮次的比较之后，整个序列就是按从小到大的递增顺序排列的了。需要注意的是，在排序比较的过程中，如果相邻两个元素大小相同时，就不要进行交换。这一点体现了冒泡排序算法的稳定性，它不改变序列中相同大小元素的相对位置。实现冒泡排序的详细程序代码如下：

```
1   # 冒泡排序

2   # 定义一个数字列表
3   listNum = [5, 2, 8, 6, 1, 10, 4, 3, 9, 7]
4   listLen = len(listNum)  # len 函数获取列表的长度
5   # 先输出显示排序之前的列表每个数字
6   print("排序之前的数列:")
7   i = 0  # 循环计数器
8   while i < listLen:
9       print(listNum[i])
10      i = i + 1  # 计数器累加

11  # 采用两层 while 循环结构
12  i = 0  # 循环计数器
13  while i < listLen-1:  # 轮次
14      j = 0  # 循环计数器
15      while j < listLen-i-1:  # 每一轮的每次比较
16          if listNum[j] > listNum[j+1]:  # 从小到大排序
17              listNum[j], listNum[j+1] = listNum[j+1], listNum[j]  # 交换两
                个元素
18          j = j + 1  # 计数器累加
```

```
19      i = i + 1   # 计数器累加


20   # 再次输出排序之后的列表每个数字
21   print("排序之后的数列:")
22   i = 0   # 循环计数器
23   while i < listLen:
24       print(listNum[i])
25       i = i + 1   # 计数器累加
```

在上面的代码中，第3行定义需要排序的数字列表，第4行获取这个列表的长度。第5—10行先通过一个while循环输出显示排序之前的数列。第11—19行根据冒泡排序的算法，通过两个while循环进行多轮比较和交换，完成了整个数列的排序。最后第20—25行再通过一个while循环输出显示完成排序之后的数列。运行以上程序代码，得到的运行结果如下（图7-4）：

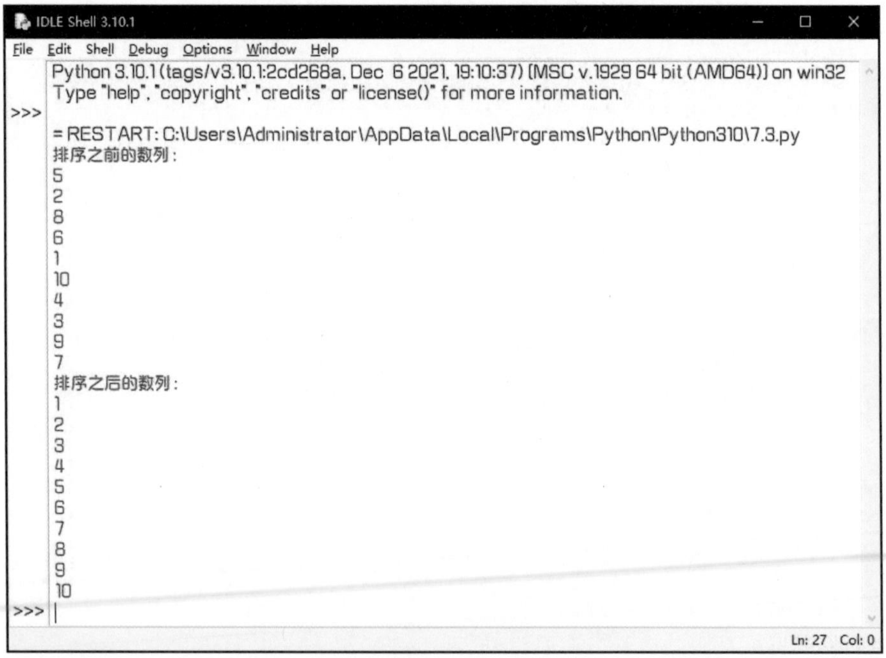

图7-4

我们再来看看第二种排序算法"选择排序"。选择排序的总体思路是依次为序列的每一个位置找到最大或最小的那个元素，其基本排序过程是：首先把序列中第1个位置的元素依次与从第 2 个位置开始到序列结尾的每一个元素进行比较，排序规则如果是递增，比较发现第 1 个位置的元素比后面的元素要大，则交换两个元素的位置，如果规则是递减则相反。直到比较完第 1 个位置的元素和序列最后 1 个位置的元素后，完成第一轮比较。第一轮比较结束后，序列第 1 个位置的元素就是整个序列最小的元素。然后开始第二轮比较，这次把序列第 2 个位置的元素与后续所有位置的元素进行比较，并按规则交换大小。完成第二轮比较后，序列第 2 个位置的元素就是整个序列第二小的元素。以此类推，完成多轮的比较，最后一轮就只比较序列最后两个位置的元素。在比较的每一个轮次中，依次为序列的每一个位置，比较选出其中最小的元素，因此这种排序算法就被称为"选择排序"。在完成全部轮次的比较之后，整个序列就是按从小到大的递增顺序排列的了。实现选择排序的详细程序代码如下：

```
1    # 选择排序

2    # 定义一个数字列表
3    listNum = [15, 12, 18, 16, 11, 20, 14, 13, 19, 17]
4    listLen = len(listNum)  # len函数获取列表的长度
5    # 先输出显示排序之前的列表每个数字
6    print("排序之前的数列:")
7    i = 0  # 循环计数器
8    while i < listLen:
9        print(listNum[i])
10       i = i + 1  # 计数器累加

11   # 采用两层while循环结构
12   i = 0  # 循环计数器
13   while i < listLen-1:  # 轮次
14       j = i + 1  # 循环计数器
15       while j < listLen:  # 每一轮的每次比较
16           if listNum[i] > listNum[j]:  # 从小到大排序
17               listNum[i], listNum[j] = listNum[j], listNum[i]  # 交换两个元素
18               j = j + 1  # 计数器累加
```

```
19      i = i + 1   # 计数器累加


20  # 再次输出排序之后的列表每个数字
21  print("排序之后的数列:")
22  i = 0   # 循环计数器
23  while i < listLen:
24      print(listNum[i])
25      i = i + 1   # 计数器累加
```

在上面的代码中，第3行定义需要排序的数字列表，第4行获取这个列表的长度。第5—10行先通过一个while循环输出显示排序之前的数列。第11—19行根据选择排序的算法，通过两个while循环进行多轮比较和交换，完成整个数列的排序。最后第20—25行再通过一个while循环输出显示完成排序之后的数列。运行以上程序代码，得到的运行结果如下（图7-5）：

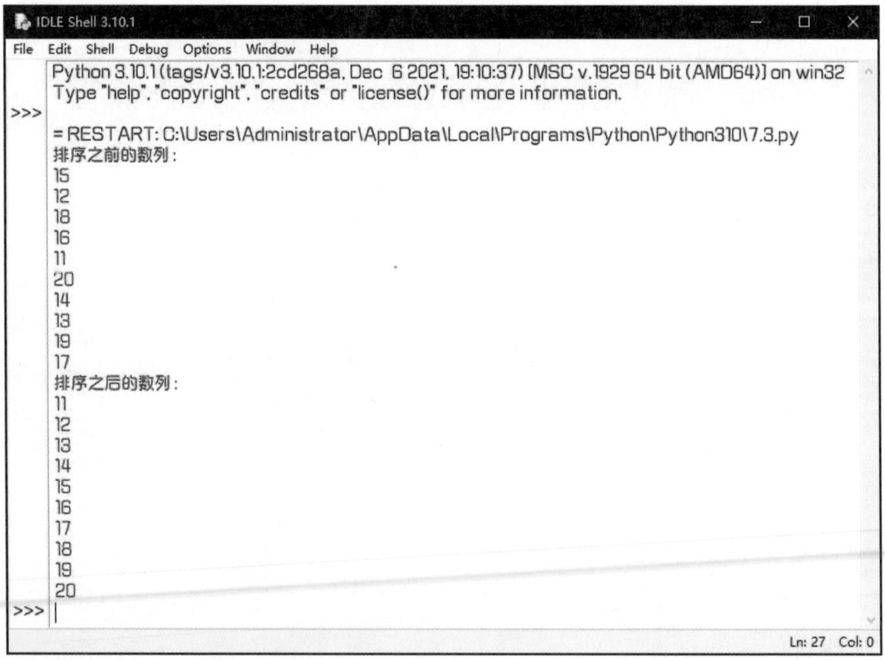

图7-5

7.4 九九乘法口诀表

Hello,
Python!

九九乘法口诀表（简称"九九表"），是我们每个人从小学阶段就会背诵的数学基础技能。九九表是我国的发明，是古代中国对世界数学和文化的重要贡献。早在春秋战国时期我国就开始使用九九表，并在明代将其改良并用在珠算上。我们在《荀子》《管子》《战国策》等古书中，就能读到九九表的乘法口诀。

九九乘法口诀表是从"一一得一"开始，到"九九八十一"为止的一个数字算式列表。在生活中，这个乘法口诀表我们可以为孩子买一张，也可以去网上下载一张打印出来，或者发挥一下我们已经学习到的 Python 编程技能，用程序来生成一张。实现的详细程序代码如下：

```
1  # 九九乘法口诀表

2  print("九九乘法口诀表:\n")

3  # 用两个for循环来循环生成
4  for i in range(1, 10):  # range函数返回的是一个可迭代对象,第一个参数是计
       数起始值,第二个参数是计数结束值,但不包括结束值,第三个参数是步长,默认为1
5      for j in range(1, i+1):
6          print(j, "x", i, "=", j*i, "   ", end="")  # 在print()函数中添加
              end="" 参数,可以使输出不换行
7      print()  # 每一行的结尾多输出一个空白,起到换行的作用
```

在上面的代码中，第 2 行打印标题。第 3—7 行通过两个 for 循环结构来实现乘法口诀表的输出，range 函数为 for 循环语句生成可迭代的对象。第一个 for 循环代表乘法口诀表的行数，第二个 for 循环代表每一行内不同的乘法算式。其中涉及 print 函数的换行控制，每一个算式输出后不换行，在每一行的结束输出换行。运行以上程序代码，得到的运行

结果如下（图7-6）：

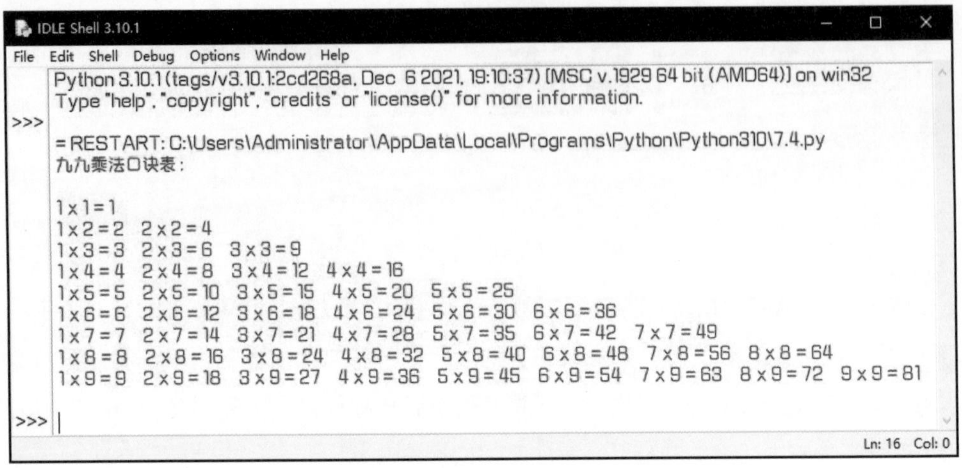
IDLE Shell 3.10.1
File Edit Shell Debug Options Window Help
Python 3.10.1 (tags/v3.10.1:2cd268a, Dec 6 2021, 19:10:37) [MSC v.1929 64 bit (AMD64)] on win32
Type "help", "copyright", "credits" or "license()" for more information.
>>>
= RESTART: C:\Users\Administrator\AppData\Local\Programs\Python\Python310\7.4.py
九九乘法口诀表：
1x1=1
1x2=2 2x2=4
1x3=3 2x3=6 3x3=9
1x4=4 2x4=8 3x4=12 4x4=16
1x5=5 2x5=10 3x5=15 4x5=20 5x5=25
1x6=6 2x6=12 3x6=18 4x6=24 5x6=30 6x6=36
1x7=7 2x7=14 3x7=21 4x7=28 5x7=35 6x7=42 7x7=49
1x8=8 2x8=16 3x8=24 4x8=32 5x8=40 6x8=48 7x8=56 8x8=64
1x9=9 2x9=18 3x9=27 4x9=36 5x9=45 6x9=54 7x9=63 8x9=72 9x9=81
>>>
Ln: 16 Col: 0

图7-6

7.5 二进制与十进制的转换

Hello,
Python!

十进制是全世界通用的进位制。它的规则很简单，就是用 0，1，2，3，4，5，6，7，8，9 这 10 个数字来计数，然后逢十进一。至于十进制的起源，人们普遍认为是因为人类都有 10 根手指。从远古时期开始，人类就用手指来数数，自然而然就形成了十进制计数的方法。

二进制是计算机系统内部使用的计数方法。二进制与十进制的基本规则相同，其进位方式就是逢二进一，因为它只使用了 0 和 1 两个数字。计算机使用二进制的原因也很简单，因为电子计算机使用的电子管本质上只有开和关这两种状态。开和关的不同状态分别使用 1 和 0 来表示，计算机自身只能识别 1 和 0 两个数字，也就自然采用二进制来计数了。

要实现二进制和十进制之间数字的相互转换，算法是比较简单的。从二进制转换到十进制的方法是：把二进制数从右到左的每一位，分别乘以 2 的相应次方，右边开始第一位乘以 2 的 0 次方，第二位乘以 2 的 1 次方，第三位乘以 2 的 2 次方，并依此类推，然后把每一位相乘之后的结果累加起来，得到的总和数字就是转换后的十进制数。比如二进制数 1010，转换十进制数的算式是：$0 \times 2^0 + 1 \times 2^1 + 0 \times 2^2 + 1 \times 2^3 = 0 + 2 + 0 + 8 = 10$。

相反，从十进制转换到二进制的方法是：把十进制数持续除以 2 取余数，第一次除以 2 得到的商再去除以 2，第二次得到的商继续除以 2，依此类推，直到商为 0 的时候停止，然后把每一次除法得到的余数反过来排列，也就是最后一次除以 2 得到的余数排在最左边，第一次除以 2 得到的余数排在最右边，余数排列的结果就是转换后的二进制数。这个方法用一句话来概括就是"除 2 取余，逆序排列"。比如十进制数 10，第一次除以 2 商 5 余 0，第二次用 5 除以 2 商 2 余 1，继续用 2 除以 2 商 1 余 0，最后一次用 1 除以 2 商 0 余 1，然后把每一次得到的余数反过来排列就是"1010"。

在进行二进制和十进制的转换时，我们可以用程序代码来实现上述的算法过程，整个过程都是最基础的数学运算，涉及的代码对各位读者朋友来说都没有任何问题。但还

记得 Python 语言是一切以简单为目标吗？所以我们这里使用更加简洁的方式，用 Py -
thon 的 int 函数实现二进制转十进制，用 bin 函数实现十进制转二进制。具体的程序代码
如下：

```
1    # 二进制转换为十进制

2    # 定义二进制数
3    num_2 = "1100100"  # 也可以不用字符串直接赋值二进制数,但二进制数务必加上
     0b 前缀:0b1100100,0b 是代表二进制数的前缀
4    # 使用 int()函数转换为十进制
5    num_10 = int(num_2, 2)  # 如果定义赋值时使用的是二进制数 0b1100100,则可以
     省略第二个用于指定进制的参数:int(num_2)
6    # 输出显示
7    print("二进制数 ", num_2, " 转换为十进制数:", num_10)


8    # 十进制转换为二进制

9    # 定义十进制数
10   num_10 = 100
11   # 使用 bin()函数转换为二进制
12   num_2 = bin(num_10)  # 转换后的二进制数默认带有 0b 前缀
13   # 输出显示
14   print("十进制数 ", num_10, " 转换为二进制数:", num_2)
```

　　在上面的代码中，先进行二进制到十进制的转换：第3行定义二进制数并赋值，这
里需要注意二进制数使用的格式；第5行使用 int 函数将二进制数转换为十进制数，一行
代码就解决了问题；第7行代码输出显示转换前后的数字。然后进行十进制到二进制的转
换：第10行定义十进制数并赋值；第12行使用 bin 函数将十进制数转换为二进制数，也
是一行代码就解决了问题；最后第14行代码输出显示转换前后的数字。运行以上程序代
码，得到的运行结果如下（图7-7）：

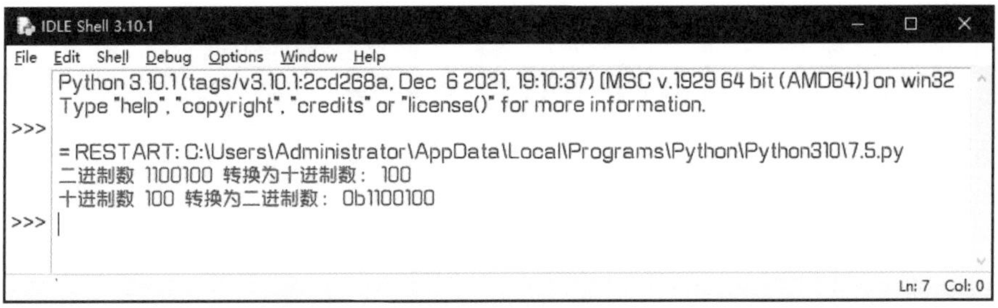

图7-7

7.6 日期和时间

Hello,
Python!

在程序开发中,经常会涉及对日期和时间的处理,比如文章发表或修改的时间,聊天消息收发的时间,任务事项完成的时间,商品购买下单、付款和收货的时间等。可以说,对日期和时间的处理是绝大多数应用程序中必不可少的操作,自然也是学习 Python 语言和编程必须掌握的技能。

日期和时间虽然对我们人类来说很好理解,但对计算机来说却没有那么简单。计算机自身是没有年月日的概念的,它理论上只会计算,所以它本质上只能记录时间的长短,具体时间的年月日、时分秒都需要进行单独转换。另外,各国各地区甚至每个人都有各自习惯的日期时间格式,如公历或农历的不同、全球各地的时区也不同、时间是用 24 小时制还是 12 小时制显示、数值小于 10 的月份日期时间要不要在数字前面加 0 等问题,都需要进行针对性处理。所幸,Python 语言在日期时间的处理方面,也是非常强大和简洁的。

在涉及时间的编程中,有个基础的概念叫"时间戳"。在 Python 中,时间戳具体是指,从格林威治时间 1970 年 01 月 01 日 00 时 00 分 00 秒起到现在的总秒数。那么问题来了,每一个读者朋友可能都会困惑,为什么是 1970 年?事实上 1970 年 01 月 01 日 00 时 00 分 00 秒这个时间点,通常被称为"计算机系统的时间纪元",也就是最早可表示的时间点。这是因为计算机最早的 Unix 系统诞生的时间就在 1970 年前后,后来计算机专家们经过实践和调整优化,最终把 1970 年 01 月 01 日 00 时 00 分 00 秒这个时间点确定为计算机记录时间的起点,Python 语言的时间戳也是以这个时间作为计时的起点时间。

在 Python 语言中获取的时间戳,是一个浮点数字,我们阅读它时无法直接理解其代表的日期和时间的含义,这就需要我们将其处理转换为便于理解的日期和时间格式。以下就是一些在 Python 中常用的日期和时间的处理方法示例,具体的程序代码如下:

```
1   # 引入处理日期和时间的相关模块
2   import time  # time 模块
3   import datetime  # datetime 模块
4   from dateutil.relativedelta import relativedelta  # relativedelta 模块

5   # 获取当前的时间戳
6   now = time.time()  # 获取从 1970 年 01 月 01 日 00 时 00 分 00 秒起到现在的时间戳
7   print("当前时间戳:", now)  # 输出显示

8   # 获取当前的年份
9   today = datetime.date.today()  # 获取今天的日期对象
10  print("当前的年份:", today.year)  # 输出显示
11  # 获取当前的月份
12  print("当前的月份:", today.month)  # 输出显示
13  # 获取当前的日数
14  print("当前的日数:", today.day)  # 输出显示
15  # 获取当前的年月日
16  print("当前的年月日:", today)  # 输出显示

17  # 获取当前的时间
18  now = datetime.datetime.now()
19  # 使用 strftime 方法的参数来自定义显示格式
20  print("当前的时间:", now.strftime("%H:%M:%S"))  # 输出显示
21  # 获取当前的日期和时间
22  print("当前的日期和时间:", now.strftime("%Y-%m-%d %H:%M:%S"))  # 输出显示
23  # 获取当前的星期
24  week = now.weekday()  # weekday() 返回当前的星期数,返回值是 0-6,对应的是星
        期一到星期日
25  weekName = ["星期一","星期二","星期三","星期四","星期五","星期六","
        星期日"]  # 定义一个列表来显示星期数的文字
```

```
26  print("当前的星期:", weekName[week])   # 输出显示


27  # 获取10分钟之后的时间
28  later = now + relativedelta(minutes=10)   # 使用relativedelta的参数min-
    utes来控制分钟数的偏移量
29  print("10分钟之后的时间:", later.strftime("%H:%M:%S"))   # 输出显示
30  # 获取2小时之后的时间
31  later = now + relativedelta(hours=2)   # 使用relativedelta的参数hours来控
    制小时数的偏移量
32  print("2小时之后的时间:", later.strftime("%H:%M:%S"))   # 输出显示
33  # 获取1天之后的日期时间
34  later = now + relativedelta(days=1)   # 使用relativedelta的参数days来控制
    天数的偏移量
35  print("1天之后的日期时间:", later.strftime("%Y-%m-%d %H:%M:%S"))   # 输出
    显示
36  # 获取1周之后的日期时间
37  later = now + relativedelta(weeks=1)   # 使用relativedelta的参数weeks来控
    制周数的偏移量
38  print("1周之后的日期时间:", later.strftime("%Y-%m-%d %H:%M:%S"))   # 输出
    显示
39  # 获取3个月后的日期时间
40  later = now + relativedelta(months=3)   # 使用relativedelta的参数months来
    控制月份数的偏移量
41  print("3个月后的日期时间:", later.strftime("%Y-%m-%d %H:%M:%S"))   # 输出
    显示
42  # 获取1年后的日期时间
43  later = now + relativedelta(years=1)   # 使用relativedelta的参数years来控
    制年数的偏移量
44  print("1年后的日期时间:", later.strftime("%Y-%m-%d %H:%M:%S"))   # 输出显
    示
```

在上面的代码中：第 1—4 行首先引入 Python 中处理日期和时间的几个常用模块，我们在实际的程序开发中可以选择性使用；第 5—7 行获取并显示当前的时间戳；第 8—16 行获取并显示当天的年月日；第 17—26 行获取当前的时间，并通过自定义格式分别显示时间、日期和星期几；第 27—44 行代码主要演示对时间偏移量的处理，分别获取并显示 10 分钟、2 小时、1 天、1 周、3 个月和 1 年后的日期时间。运行以上程序代码，得到的运行结果如下（图 7-8）：

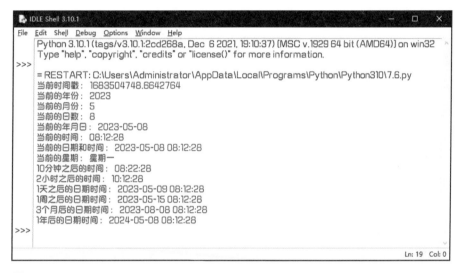

图 7-8

在上面的程序示例中，我们使用了 strftime 方法来自定义日期时间的格式。每个人或不同的组织可能对日期时间的显示有着不同的习惯和要求，不同的应用程序或操作系统也有不同的规定。以下是在 strftime 方法中常用的日期和时间的格式化符号，我们可以在编程中根据需要挑选使用：

%a　本地简化的星期名称

%A　本地完整的星期名称

%b　本地简化的月份名称

%B　本地完整的月份名称

%c　本地相应日期和时间

%d　一个月中第几天（0—31）

%H　24 小时制的小时数（0—23）

%I　12 小时制的小时数（01—12）

%j　一年中的第几天（001—366）

%m　月份（01—12）

%M　分钟数（00—59）

%p　本地A.M.或P.M.的对应符号

%S　秒数（00—59）

%U　一年中的星期数（00—53），星期天为星期的开始

%w　一星期中的第几天（0—6），星期天为星期的开始

%W　一年中的星期数（00—53），星期一为星期的开始

%x　本地相应的日期表示

%X　本地相应的时间表示

%y　两位数表示的年份（00—99）

%Y　四位数表示的年份（0000—9999）

%Z　当前时区的名称

%%　%符号本身